数学的魔法世界

THE MAGICAL
WORLD OF
MATHEMATICS

[印] 斯瓦格塔·德布 / 著

王燕 / 译

大连理工大学出版社
Dalian University of Technology Press

The Magical World of Mathematics

Copyright © Text Swagata Deb

Copyright © Illustrations Swagata Deb

Originally published by Rupa Publications India Pvt. Ltd.

The simplified Chinese translation rights arranged through Rightol Media (本书中文
简体版权经由锐拓传媒旗下小锐取得 Email:copyright@rightol.com)

简体中文版© 2024 大连理工大学出版社

著作权合同登记 06-2023 年第 284 号

版权所有·侵权必究

图书在版编目(CIP)数据

数学的魔法世界 / (印)斯瓦格塔·德布著;王燕
译. -- 大连:大连理工大学出版社,2024.11
(数学科学文化理念传播丛书. 启迪译丛)
书名原文:The Magical World of Mathematics
ISBN 978-7-5685-4808-3

Ⅰ.①数… Ⅱ.①斯… ②王… Ⅲ.①数学—普及读
物 Ⅳ.①O1-49

中国国家版本馆 CIP 数据核字(2024)第 010609 号

数学的魔法世界　SHUXUE DE MOFA SHIJIE

责任编辑:王　伟
责任校对:李宏艳
封面设计:冀贵收

出版发行:大连理工大学出版社
　　　　　(地址:大连市软件园路 80 号,邮编:116023)
电　　话:0411-84708842(营销中心)
　　　　　0411-84706041(邮购及零售)
邮　　箱:dutp@dutp.cn
网　　址:https://www.dutp.cn

印　　刷:大连图腾彩色印刷有限公司
幅面尺寸:147mm×210mm
印　　张:5
字　　数:86 千字
版　　次:2024 年 11 月第 1 版
印　　次:2024 年 11 月第 1 次印刷
书　　号:ISBN 978-7-5685-4808-3
定　　价:45.00 元

本书如有印装质量问题,请与我社营销中心联系更换。

序

我不知道你是否喜欢数学。但是我很喜欢，从我还是个小孩子的时候我就很喜欢数学。如今我的工作是教授数学，是因为我想与孩子们分享我对这门学科的热爱。写这本书是想向你们介绍数学的美丽和它涵盖的范围。

数字无处不在。从星系的形状，到围绕着金字塔的奥秘，再到美妙的音乐和艺术，都萦绕着数字的规律。数学也以抽象的形式存在于娱乐、语言学、文学、神话、自然、悖论、哲学、心理学、科学、天文学、计算机科学，甚至社会学中。

就像生活中的许多事情一样，这本书也是从 0 开始引入。我们发现，如果没有这个不起眼的小数字，生命几乎不可能存在！然后我们直接跳到最大的数——无穷大。然而，我们发现无穷大有很多个，而且它们变得越来越大！怎么会这样呢？这就是为什么数学有时候看起来如此神秘。

世界上，有各种各样的数字，其中有一个很神奇的数字π。计算机在试图完美地计算它时都崩溃了，甚至一年中有一天是以它命名的！然后，我们发现了随机数，它存在于自然界中。还有虚数，它是虚构的数，但如果你想建造一座坚固的大桥，它就非常有用！

我们都知道金字塔。但是我们了解与它们相关的神奇的数学吗？金字塔位于地球陆地的正中心，大金字塔表面的曲率与地球的半径完全吻合。但古埃及人是如何计算出这一切的呢？

数学中充满了悖论和谜题。以这句话为例："我是个骗子"。如果这句话是真的，那么我就不是一个骗子。如果这种说法是错误的，那么我是什么？这的确匪夷所思，不是吗？数学家们实际上也可以证明，著名的龟兔赛跑的故事可以有不同的结局：兔子实际上永远无法在比赛中被乌龟超越！数学家也在研究"不可能物体"。我们生活在三维空间中，但有些数学家研究的空间有十二、十六或二十四维！

另外，你知道有"快乐数字"和"不快乐数字"，甚至还有"完美数字"吗？再有，你知道许多伟大的音乐和美丽的艺术作品都有数学基础吗？

电脑、手机和互联网是我们生活中极其重要的一部分。但它们都只知道两个数字——0和1。这就是全部啦！它们从来没有听说过其他任何数字！所以你可以说，整个世界实际上只需要两个数字！

我以两个哲学问题来结束这本书。其中一个来自哥德尔不完全性定理（Gödel's Incompleteness Theorem），它问道：我们能否知道一切？答案是：不。第二个问题是：数字存在吗？是的，但科学家对此众说纷纭，这个问题也存在很多争议！

无论我们是否能够了解一切，也不管数字是否真的存在，我们所确定知道的是，知识既很珍贵，也很有趣。而且，数字可以是神秘的、令人兴奋的，也可以是非常酷的。

希望你能像我一样喜欢这本书！

目　录

一、零之谜

在所有数字中，0 具有独一无二的地位。让我们试着来理解其中的原因。0 既不是负数，也不是正数。如果你把一个数字加上 0，你会得到什么？你得到了这个数字本身！从一个数字中减去 0 也会使这个数字保持不变。而当你把一个数字乘以 0 时会发生什么呢？任何数字乘以 0 都等于 0。你能把一个数字除以 0 吗？不能。一个数字除以 0 是不曾被下过定义的。

早期的人类刚刚学会数数，他们根本不知道 0 这个数字，因为它在自然界中是无法被观察到的。因此，0 不是一个自然数。1、2、3 以及其他的正整数都是自然数。这些数字很容易被理解，因为它们可用于计算对象的数量。负数也很容易被掌握。当你说"我有 1 个苹果",这意味着你拥有一个苹果。当你说"我有负 1 个苹果"时,这可能意味着你欠某人一个苹果。"零个苹果"意味着你没有苹果。这和说"零只独角兽"是一样的!

但是,今天我们能如此轻松地书写数字,尤其是大的数字,都是因为 0。如果没有 0,我们的生活将会变得非常困难!

古代文明必须付出很大的努力才能写下很大的数字。古巴比伦人记录数量的方法大约有 5 000 年的历史,是我们目前所知的最古老的数字系统之一,如图 1.1 所示。古巴比伦人借助钝芦苇(一种草)在黏土板上做出楔形标记来记数。虽然我们现在使用 10 为基数,但古巴比伦人的数字系统却是以 60 为基数的。小于 60 的数字以 10 为基数。因此,与我们今天的记数方式不同 —— 以 10 为基数,数到 100(10×10),然后从 100 数到 1 000(100×10)—— 他们会以 10 为基数,数到 60,然后以 60 为基数,数到 3 600(60×60),以此类推。

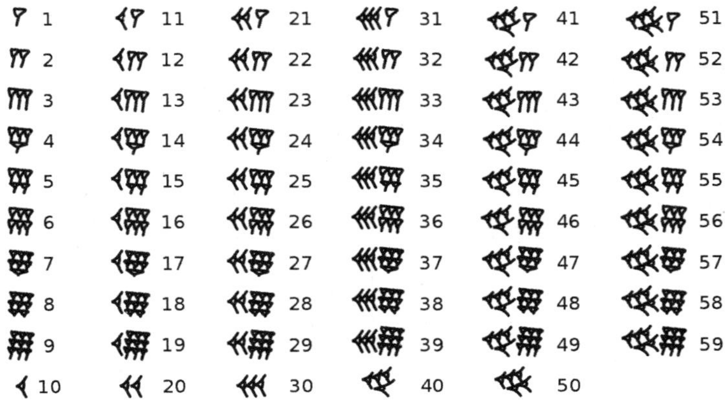

图 1.1　古巴比伦的数字系统

　　他们发明了一种借助几个符号来书写大数字的方法。但是他们没有符号用来表示 0。因此，他们的数字很难认读，而且同一组符号既表示乘法，又表示除法。例如，21、21 × 60、21 × 60 × 60 和 21/60 都使用相同的符号来表示。根据数字所指的是什么——山羊或船只或其他什么，他们会本能地理解这些符号所指的数字是某人拥有的山羊数量还是一艘船的价格。这种方法一定会使事情变得非常复杂！

　　古埃及人记录数量的方法也是以 10 为基数。如图 1.2

所示，1、10 和 10 的每个连续幂（100、1 000 等）都可以用一个不同的符号（象形文字）表示。但是，同样地，埃及人也没有 0 的符号。所以这些数字仍然难以被认读。

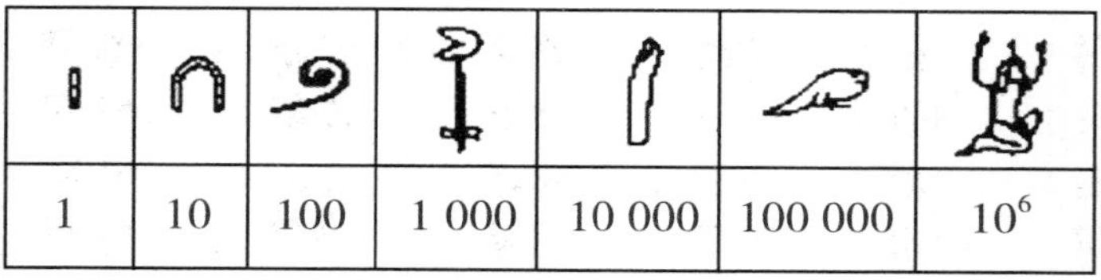

I	∩	ℓ	𝍖				
1	10	100	1 000	10 000	100 000	10^6

图 1.2 埃及数字象形文字

玛雅人有一个有趣的记数系统，可以追溯到公元 4 世纪，如图 1.3 所示。他们用圆点来表示 5 以下的数字。因此，3 是 3 个圆点；5 是一条水平线；6 是水平线上面有一个圆点；13 是两条线和三个圆点。这个点–线系统一直到数字 19 都有效。然后，他们用一个贝壳形来表示 0。20 是一个贝壳形上方有一个圆点（我知道，这在今天听起来不是很合乎逻辑，但这仅仅是因为我们习惯于以某种方式写数字）。在玛雅人的记数系统中，计算数字是相当困难的。玛雅人当然知道数字 0，但他们还不能非常有效地使用它。

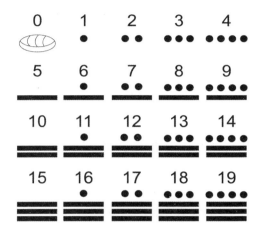

图1.3 玛雅人的记数系统

　　我们今天所知道的零，作为一个数字和一个概念，是在公元 7 世纪的古印度被发明的。数学家和天文学家婆罗摩笈多（Brahmagupta， 598—668）为我们提供了在算术中使用零的规则。他介绍了许多数学概念，而这些概念在我们今天看来非常简单。他还引入了负数的概念。他对零的贡献非常重要，这是因为他将零确切地表述为一个具有自己特殊含义的独立数字。在他之前，许多文明中的零仅仅是被用作"占位符"。

　　婆罗摩笈多在数字下方使用圆点来表示零。这些点被称为"shunya"，意思是空的；或者被称为"kha"，意思是地方。他是第一个计算出 $1 + 0 = 1$、$1 - 0 = 1$ 和 $1 \times 0 = 0$ 的人。他唯一出错的地方是用一个数除以零，他认为 1/0 是等于 0 的。

婆罗摩笈多的成果被波斯和阿拉伯数学家采用，这种数字系统（也就是我们现在日常生活中使用的）后来被称为印度–阿拉伯数字系统。

在婆罗摩笈多做出这一伟大发现的六百年后，伟大的意大利数学家列奥纳多·斐波那契（Leonardo Fibonacci，约 1175—1250）将印度–阿拉伯数字系统，当然还有零，引入西方。他在北非的摩尔人的教育下长大，后来，他在地中海沿岸游历了很多地方。他一定见过许多商人，了解他们的算术系统。于是，他很快意识到印度–阿拉伯数字系统相对于其他系统的优势。

在此之前，欧洲人使用罗马数字，而罗马数字不适合进行算术运算。例如：

$$CLXXIV（174）+ XXVIII（28）= CCII（202）$$

CLXXIV（174）- XXVIII（28）= CXXXXVI（146）[①]

看看这些数字，谁能猜到结果会是什么，甚至看起来最小的数字实际上是最大的，反之亦然。

零的引入大大简化了计算。我们今天使用的十进制系统之所以存在，归因于我们有十个手指以及 0 被认为是一个数字。以 10 作为基数既不太大也不太小。如果没有发现零和它简化事物的方式，我们可能很难记住用于代表不同数字的符号。

计算机使用二进制系统。它只使用 0 和 1 进行记数。因此，01 表示 1，10 表示 2，11 表示 3，100 表示 4。我们所知道的 32 就用 1 后面加上五个零来表示！这看起来很乏味，但实际上这是数字系统的简单之处——只使用两个数字。因此，0 使得计算机可以以非常快的速度处理十分复杂的事情。

[①] 在罗马，字母 I 用于记数 1，V 用于记数 5，X 用于记数 10，L 为 50，C 为 100，D 为 500，M 为 1000。CLXXIV = 100 + 50 + 10 + 10 + 4 = 174；XXVIII = 10 + 10 + 8 = 28，CCII = 100 + 100 + 1 + 1 = 202；CXXXXVI = 100 + 10 + 10 + 10 + 10 + 6 = 146。——译注

如果我们有 8 根或 12 根手指，我们的记数系统会更有用。你能想到一个原因吗？

十进制系统衍生出了十进制小数（例如，0.8、127.95 或 6.123 498 2）。这些数写起来非常简单，人们可以轻松地对它们进行数学运算。每个实数（分数或整数）都可以表示为十进制小数。所以 1/4 是 0.25，26 是 26.0。在一个精确度非常重要的世界里，十进制小数是非常有用的。

微积分，是一种非常高级的数学形式，它致力于将事物尽可能归为零。

微积分是一种非常强大的工具，是做许多实际事情时必不可少的基础。例如，可以使用微积分计算主体部分有曲面的物体的体积和表面积，人们可以将表面分成非常小的部分，然后将所有微小部分的面积相加，即获得总的表面积。这些微小部分必须尽可能地接近 0。

当我们把任何东西除以 0 时，我们都会得到很荒谬的结果。以下面这个等式为例：

$$a = b \qquad\qquad (1)$$

两边分别乘以 a，得到：

$$a^2 = ab$$

当我们在两边分别加上（$a^2 - 2ab$）时，可以得到：

$$2a^2 - 2ab = a^2 - ab$$

等式的左边两项都有2。可以写成

$$2（a^2 - ab）= a^2 - ab$$

将等式两边分别除以（$a^2 - ab$），可以得到

$$2 = 1$$

这太奇怪了！怎么会这样呢？这是因为等式两边分别都除以了（$a^2 - ab$）。

$$a^2 - ab = a（a - b）$$

当 $a = b$ 时，

$$（a - b）= 0$$

因为等式两边都除以了 0，所以我们才得到了这个荒谬的答案。

零是一个有效而且非常必要的数字，但它在许多方面都与众不同。事实上，较古老的文化很难接受零的概念，因为零给古老的文化带来了巨大的虚空和混沌。

实际上，零让我们的生活变得更加便捷和美好!

二、无穷大有多大？

你一定听说过"无穷大"这个词，它是一个大到我们无法计算甚至想象的数字。你可能熟悉它的符号（∞）：一个侧卧的而不是直立的 8 。

我们知道"无穷大"是一个非常大的数字。但它到底有多大呢？如果把一个数加上无穷大或用无穷大减去一个数会发生什么呢？将无穷大乘以零会得到什么？将无穷大减去无穷大会是多少？

你必须了解，无穷大与其他数字不同。它是在数学和物理学中使用的一个概念，旨在简化我们的生活。它源自拉丁语"infinitas"，意思是"无穷无尽"。

　　早期希腊人知道无穷大的概念。但他们对无穷大的理解仅限于无穷大的可能性，而不是无穷大本身的存在。例如，他们知道质数的数量比任何给定的质数集合都多。但他们并没有更进一步说明质数的总数是无穷大。早期的印度人对无穷大有更好的理解。他们知道，如果从无穷大中去除一部分或再加上一部分，答案仍然是无穷大。

　　让我们来看看如何从计算中获得无穷大。如果我们用1除以 0.01，我们会得到 1/0.01 = 100，以此类推。我们可以看到，随着分母的减小，答案会变得越来越大。因此，我们可以说，当分母趋近于零时，答案趋近于无穷大。

　　或者想象一条线段。它有多少个点呢？严格来说，一个点不应该有任何长度、宽度和高度。点的长度太接近零会无法进行实际测量。因此，线段中的点的个数等于有限的长度除以非常短的长度（几乎为零）。因此，我们可以说，一条线段上有无穷多个点。

　　微积分是一种使用无穷大的概念的高级数学形式。如果我们想用微积分计算出一个球体的确切面积，我们可以把球体的表面划分成极小的部分，每个部分的面积几乎等于零。然后，假设这些极小的部分的数量是无穷大。

直线有一个维度。像正方形这样的平面图形有两个维度。我们日常接触的世界有三个维度——长度、宽度和高度。数学家们扩展了这个概念，并且定义了无限维空间。这样的空间实际上并不存在，但在研究量子力学（量子力学是物理学的一个分支，用于研究尺寸大小为原子甚至更小尺寸的粒子）、电磁波理论（也就是光的理论）等时，它们是很有用的工具。

无穷大的另一个应用领域是分形，你将在后面的章节中了解它。它们是几何图形，就像矩形、圆形和正方形一样，但它们具有自身的特殊性质。许多自然现象，如蕨类植物、海岸线，甚至松果（图 2.1），都符合分形学的形状。

图 2.1 松果的形状

　　假设你想测量非洲的海岸线。如果你用一把最小刻度是 1 英里①的尺子测量它，你会得到某一测量值。如果在第二天，你使用一把最小刻度是 1 英尺②的尺子测量它，会发生什么？你会得到一个数值更大的答案。如果你使用一把最小刻度是 1 英寸③的尺子，你将能够测量出海岸线上的角落和缝隙。当测量仪器的长度接近零时，你的测量值就将趋近于无穷大！

　　在物理学中，人们遇到的黑洞现象是无穷大的。恒星

---

① 1 英里约为 1 609.34 米。　——译注
② 1 英尺约为 0.304 8 米。　——译注
③ 1 英寸约为 0.025 4 米。　——译注

中有两种相反的力。恒星中存在的热量使它膨胀，而重力又将这两种相反的力拉到一起。它们相互平衡，使恒星保持稳定状态。当一颗大恒星耗尽燃料时，它无法支撑自己的重量。重力就占据上风，恒星就会坍塌。最终，恒星变得比原子还小。想象一下，一颗恒星被压碎挤进了一个小于微小原子体积的空间里，它的密度（一定体积中存在的物质质量）对于所有实际目标来说就是无限大的。黑洞的引力是如此强大，以至于任何东西，包括太靠近它的光，都会被拉进去。

无穷大也可以在艺术中被找到。当艺术家试图在二维空间的画布上描绘三维空间时，平行线（在三维空间中应该在无穷大处相交）会在画中所谓的"消失点"处相交。这是为了营造出一种有深度的氛围。艺术家莫里茨·科内利斯·埃舍尔（Maurits Cornelis Escher，1898—1972）就是以在他的作品中使用无穷大的概念而闻名（图2.2 ）。

无穷大产生了许多悖论。悖论是一种论证，由于逻辑上的矛盾，它会导致产生很多看似荒谬的结论。希尔伯特的无限酒店悖论就是其中之一。

图 2.2 埃舍尔作品中的无穷大概念

普通酒店的房间数量有限。想象一下，一家拥有无穷大数量房间的酒店，这些房间都有人入住。现在我们有一位新客人希望入住这家酒店。1 号房间的人被转移到 2 号房间，2 号房间的人被转移到 3 号房间，以此类推。在普通的酒店里，最后一个人将无处可去。但在无限酒店里，没有最后一个人！如果我们重复此过程，我们应该能够为任意数量的客人腾出空间。

伽利略悖论是另一个结论似乎与常识相悖的例子。你可能研究过集合。集合分为有限集合和无限集合。对于有限集合而言，部分总是小于整体。但对于无限集合来说，部分可以和整体一样大！

让我来解释一下。有些数字是完全平方数（如 1、4、9、25 等），而另一些则不是。常识告诉我们，自然数（1、2、3、4 等）应该比完全平方数多。但事实并非如此。我们可以将自然数与它们的平方进行配对：

$$1 \quad\quad 2 \quad\quad 3 \quad\quad 4$$
$$1 \quad\quad 4 \quad\quad 9 \quad\quad 16$$

这两个列表的数字都能发展到无穷大。因此，有多少个自然数，就有多少个平方数！

格奥尔格·康托尔（Georg Cantor，1845 — 1918）是一位著名的德国数学家，他对无穷大进行了深入的研究。他证明了无穷大有各种大小——小无穷大、大无穷大、非常大的无穷大等。我知道这令人难以置信，但这就是抽象数学世界的情况。最大的无穷大被称为连续统。它有多大，简直无法通过字面意思来理解！

无论是康托尔的同事还是与康托尔同时代的许多数学家都不认同他的工作成果，因为康托尔的理论导致了自相矛盾的结果。而且，他们不认同无限集合的概念。他们认为，既然你不能列出无限集合中的所有元素，你所说的任何关于无限集合的内容都不是真正的数学。康托尔的主要反对者之一利奥波德·克罗内克（Leopold Kronecker，1823 — 1891），利用自己的影响力，阻止了康托尔的大部分作品在他有生之年出版。然而，康托尔的理论在今天已被广泛接受，他的无限集合理论为数学的所有分支奠定了坚实的基础。

人类的大脑很难理解无穷大的概念。我们所看到的一切事物都有一个有限的大小。我们无法想象无穷无尽的旅程或无边无际的空间。正是因为我们无法完全理解无限，所以它仍然保持着令人着迷、难以捉摸和遥不可及的样子。

三、神奇的数字 —— π

π既是一个希腊符号，又是一个重要的数学常数。你之前学习过圆。圆的直径是多少？如果你绘制一条穿过圆的中心，并且起点和终点均在圆上的直线，它就是直径。圆的周长就是圆的长度，如图 3.1 所示。

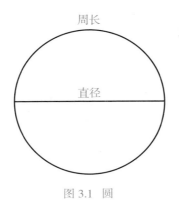

图 3.1 圆

如果用圆的周长除以其直径，答案是 π。令人惊奇的是，无论圆的半径是 1 厘米还是数千千米，这都没有关系，因为比值始终是 π。

π 是一个无理数，这意味着它不能写成分数，也意味着它的小数是无穷的，我们无法观察到它的规律。当将分数 2/7 写成小数形式时，也是无穷的。但是在第 6 位数字之后，它会开始循环，等于 0.285 714 285 714 285 714…

分数 1/4 可以写成 0.25。仅此而已——只有两位小数。然而，像 π 这样的无理数不会就此结束，数字也不会循环。圆周率的确切值自古以来就是个谜。数学家们不断尝试确定圆周率的值，但他们只能越来越接近真相，却无法真正得到答案。虽然人们永远无法知道圆周率的确切值，但 3.141 59 是一个很好的近似值。

π 在几何学中被广泛使用。例如，我们需要用 π 的值来计算圆的面积。如图 3.2 所示，对于一些具有固定形状的物体，例如球体、圆锥体和圆柱体，π 也被用于计算它们的体积和表面积。

π 出现在数学和其他学科的许多分支中，事实上，它对于这些分支来说是非常重要的——比如，收集和分析大量数据的统计学；研究热及其影响的热力学；研究建筑结构的力学；研究电和磁的结合是所有电子学的基础的电磁理论学和研究宇宙的起源和演化的宇宙学……这个列表就像 π 本身的值一样是无穷无尽的。

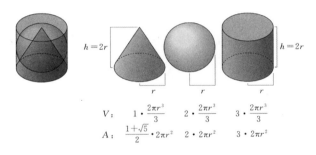

图 3.2　圆锥体、球体和圆柱体及其体积和表面积公式

π 的使用如此广泛，以至于人们专门拿出一天来纪念它！美国的数学爱好者把每年的 3 月 14 日作为庆祝圆周率的日子，按照美国人使用的月/日格式，3 月 14 日可以表达为 3/14。3/14 看起来很像 3.14，这是人们所使用的最简单的圆周率值。明白这个逻辑了吗？一些真正的狂热分子甚至会在下午 1 : 59 庆祝它——因为 π 的近似值是 3.141 59！

这里有一些关于圆周率的有趣小故事：

● 在 20 世纪 60 年代的经典原版电视节目《星际迷航》（*Star Trek*）的一集中，斯波克博士能够通过命令一台非常强大而又邪恶的计算机将圆周率计算到最后一位数，从而使其瘫痪！

● 还有许多关于 π 的电影。在电影《π：混沌中的信仰》（*Pi: Faith in Chaos*）中，一个人在试图弄清楚 π 的意义的过程中疯掉了。

● 在宇宙学家卡尔·萨根（Carl Sagan，1934—1996）的小说《接触》（*Contact*，也被拍成了非常成功的电影）中，人类研究 π 以获得对宇宙更深入的认识！

● 1992 年，当时还是美国内布拉斯加大学工程专业的一名学生的拉尔斯·埃里克森（Lars Erickson）创作了 π 交响曲。他将数字 0～9 分配给 10 个音符，对应 π 的前 32 位数字进行演奏，然后围绕这首曲子创作了一首交响乐！

● "I prefer pi"（我更喜欢 π）是一个回文，这意味着无论是从前向后读，还是从后向前读，都会读出相同的内容。

• 2010 年，日本的两位研究人员编写了一个特殊的程序并在他们的计算机上运行，以计算出 π 的值，计算机工作了 90 天，产生了 5 万亿位（5 000 000 000 000）的数字，这创造了世界纪录，随后计算机便停止运行并崩溃了。但这一纪录只维持了 3 年。2013 年，美国圣塔克拉拉大学的一名研究人员将 π 的值计算到了 8 千万亿位（8 后跟 15 个零）。最新的纪录是由一位名叫艾玛·春香（Emma Haruka）的女性创造的，她计算出的圆周率的值高达31万亿位。

数千年来，人们一直在尝试计算 π 的值。自从有文字记载以来，这个比率就得到了人们的认可。3∶1 的比例也出现在圣经的一节经文中。古埃及人使用公式（$8d/9$）^{2}计算圆的面积，其中 d 是直径。由此得出了数值为 3.160 9 的圆周率。

最早对圆周率 π 进行理论计算的是伟大的希腊数学家阿基米德（Archimedes，前 287—前 212），他生活在公元前 3 世纪的锡拉丘兹。他先画了一个圆，然后在圆的内侧和外侧各画了一个正多边形。他从六边形开始，一直画到有 96 条边的多边形。他得出了以下结论：

$$223/71 < \pi < 22/7 \ (3.140\ 8 < \pi < 3.142\ 9)$$

此后，在大约有 2 000 年的时间里，一切都或多或少地归于平静了。后来，欧洲数学家开始着手研究越来越复杂但也越来越精确的 π 的计算方法。

在 17 世纪，苏格兰人詹姆斯·格雷戈里（James Gregory，1638—1675）和德国数学家戈特弗里德·威廉·莱布尼茨（Gottfried Wilhelm Leibniz，1646—1716）提出了这个公式：

$$\pi /4 = 1 - 1/3 + 1/5 - 1/7 + \cdots$$

这个公式的唯一问题是，需要 500 万个项才能获得精确到小数点后 6 位或 7 位的 π 值！

人们设计了更难的公式来计算 π。这些公式现今仍被计算机所使用。

1777 年，法国自然科学史学家、哲学家乔治·路易·勒克来克·德·布封（Georges-Louis Leclerc de Buffon, 1707—1788）伯爵发明了一种计算 π 的新方法。布封从一个全新的角度，即从数学的一个分支概率学出发，来解决这个问题。该方法包括绘制一个含有很多平行线的网格，然后随机投掷针，并计算穿过一条线的针的数量。针穿过线的概率与 π 直接相关。

但为什么人们要长此以往、不遗余力地去求 π 的值呢？我想根本的原因在于 π 无处不在。有圆的地方就有 π，但是，测量它却并不容易。通过手动测量圆的周长和直径，你不会得到非常准确的答案。随着数学的发展，我们对 π 的认识也在不断进步。随着计算机变得越来越高效，我们学会了以惊人的精确度来计算它。有些人疯狂地记住了圆周率的数千位数字，然后在圆周率日当天背诵出来！

对数学家来说，π 是如此令人着迷，因为它是我们无论多么努力也永远无法完全了解的事物之一。

四、什么是随机数字?

看看下面的几组数字:

13, 26, 39, 52, 65, 78, 91, …

1, 4, 9, 16, 25, 36, 49, 64, …

1, 8, 9, 7, 28, 45, 0, 7, 89, …

如果你知道乘法表和自然数的平方,你应该能够识别出前两个数列。那第 3 个数列呢? 它代表什么呢? 观察其中任何一个数字,你能预测下一个数字是什么吗? 第 3 个数列是一组随机数。

这些数字不遵循任何规律。你无法预测接下来会发生什么。这两个特性决定了随机性。

在很大程度上来说,数学是一门关于规律的科学,规律确实使数学变得美丽，并且使数学成为日常生活中的必需品。我们从乘法表开始。3、6 和 9 是自然的，而且是可以预测的。后来，我们研究了复杂的数学，发现还有更美丽的规律。然而，随机性也是数学的一部分，它是完全没有规律可循的。

现实生活具有随机性。我们有一些科学家试图理解和控制我们的物质世界。然而，物质世界是不确定的、复杂的和多变的。自然环境甚至生物都在不断接收和发送信号，然后，科学家们反过来使用仪器、数字和图表来研究这些信号。当我们说话时会发出声波作为信号。地壳的振动和地震会产生地震信号。我们的生命过程也会发出可以测量的信号。这些信号中的大多数都展现出一定程度的随机性。所有这些都让我们意识到随机性是生活的一部分，如果我们用数学来理解这个世界，那么它就应该包括随机性。

抛硬币的结果是随机的。人们常常在做出重要的决定，或者试图做到公平的时候使用这种方法——我们经常会听到"听天由命"这个词。在 1969 年的越南战争期间，人们使用抽签系统来挑选被征召入伍的人。所有的日期都被写在小纸条上，放在一个大箱子里，然后随机抽取。在这些被选中的日期出生的年龄在 19 至 25 岁之间的年轻男子，就会被要求立即前往美国军队服役。

但是，这个过程并不够完全随机。靠近年终的日期是最后扔进箱子的，它们要比年初的日期更有可能被抽到。

随机性被派上用场的另一个领域是编写密码。什么是密码？如果你想给朋友发一条信息，但又不希望其他人读懂，就可以用密码编写。你将在后面的章节中读到有关密码的更多内容。收到你的加密信息的朋友需要一个被称为"密钥"的东西才能阅读你的信息。现在，密钥含有相对较少的信息量，但它必须绝对保密，不能让任何人猜到密钥是什么。因此，拥有一个由随机数字或字母组成的密钥是很有用的，它可以让那些不怀好意的旁观者无从下手。

密码或加密很重要，因为它可以保护你不想让其他人知道的信息的安全，并确保这些信息只能保留在特定人群之中。个人、企业，甚至政府都使用它来保护机密信息。

现实生活中的间谍也完全依赖于密码。

当我们试图模拟现实世界的现象时，随机数也很有用。什么是模拟？在模拟中，我们可以为水域、森林，甚至我们身体的器官创建一个系统的模型（有时是计算机模型）。这种重构是在受控条件下完成的，以便了解控制系统的各个因素并预测系统的未来行为。生成这样的模型需要使用大量的随机数。这种计算方法被称为蒙特卡罗方法。这个名字来源于摩纳哥一个有很多赌场的地区。而赌博也是基于随机性的。

假设你不知道如何求圆的面积。你可以将它放在一个正方形内，然后用随机抛出的鹅卵石填满正方形。圆内的鹅卵石数量与正方形内的鹅卵石数量之比将给出圆的面积与正方形面积的近似比率。这就是一种简单的蒙特卡罗模拟技术。

圆形越大，鹅卵石数量越多，结果就越准确。假设我们想研究某一个州的投票规律。我们会抽取一个小样本并研究其规律。此过程被称为统计抽样。选择样本的最佳方法是随机选择候选人。

我们如何制造随机数？人们可能会认为，如果我们随机列举数字，就能生成它们。然而，人类想要随机行事却很难。当人们被要求选择一个 1 到 10 之间的任意数字时，很少有人会选择 10 或 1。

人们仍然在使用抛硬币、转轮盘或掷骰子等传统方法。现代方法要么利用物理现象，要么使用计算机程序来生成随机数。

随机数有两种——真随机数和伪（假）随机数。真随机数是由自然现象产生的。例如，大气中存在的噪声，测量它就会得到随机数。你们学过电学。当电流流过导线时，电子会向某个方向移动。除了这种流动之外，电子还会由于热能（热量）而随机移动。这种随机运动会导致电流产生波动。人们将这种现象称为热噪声。如果我们试图测量这种噪声，就会得到随机数。

你一定知道宇宙起源于大爆炸。当时发生了一次巨大的爆炸，物质在太空中飞驰碰撞，从而产生了大量的能量。宇宙大爆炸后仍然剩余了一些能量。它以微波的形式存在（与在微波炉中加热食物的微波相同)。这就是所谓的宇宙背景辐射。对这种辐射进行测量也可以得到随机数。

为了生成伪随机数，我们可以使用计算机算法（这是给计算机的一组指令）。我们选择一个相对较短的数字，作为密钥或种子。在此基础上，生成一长串随机数。约翰·冯·诺依曼（John von Neumann， 1903—1957）是一位伟大的数学家，他提出了以下生成随机数的方法。

$$X_0 = 35\ 385\ 906$$

是他最开始使用的数字。然后他对这个数字进行平方，得

$$X_0^2 = 1\ 252\ 162\ 343\ 440\ 836$$

之后他取了中间的八位数字：

$$X_1 = 16\ 234\ 344$$

然后他对这个数字进行平方并重复上述过程。

这种重复过程被称为算法，它会生成大量的随机数。但一段时间后，这种模式又会重复出现。人们正在尝试设计新的、更好的方法来生成随机数。

数学的其他领域也会用到随机性。随机游走是一个数

学概念，它描述了由一系列随机步骤组成的路径，如图 4.1 所示。液体或气体中分子的轨迹可以建模为随机游走。赌徒的财务状况也可以用随机游走来描述！

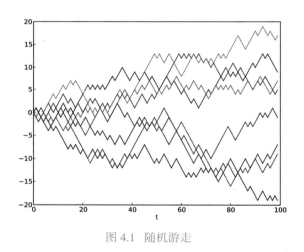

图 4.1 随机游走

在使用仪器进行任何测量时，总是存在不可预测的误差。这被称为随机误差。它会影响测量的准确性。但是，通过获取大量读数并取其平均值，可以大大减小随机误差。

随机性也被用于创造性思维。假设你正在进行一个创造性的项目，例如写一篇文章。当你遇到困难时，你可以随机想到一个词，然后寻找与之相关的词语。这可能有助于你以不同的方式进行思考。

　　人们的行为也是不可预测的和随机的。我们的周围有如此多的随机性，如果不考虑随机数，数学将是不完整的。

五、幻想的翅膀：虚数

对于不同种类的数字，我们也赋予它们不同的名称。1、2、3、4 等被称为自然数。我们使用它们来计算物体。零表示无，当我们试图描述大数字时零很有用。数字中还有负数，当我们谈论欠别人一些什么东西时，负数很有帮助。

分数和小数可以帮助我们把东西平均分配给不同的人。假设现在有 3 块巧克力和 5 个人，每人可以分到 3/5 块巧克力。然后，数字还有无理数。这些数字不能被写成分数或小数。π 和 $\sqrt{2}$ 就是无理数的例子。

所有这些数字都被称为实数，因为它们对现实世界有一定的实用性。你见过数轴吗？它是一条从负无穷大延伸到正无穷大的直线。每个实数都代表数轴上的一个点，并且可以在数轴上表示一定的长度，如图 5.1 所示。

图 5.1　数轴

还有另一类数字被称为虚数。这些数字在现实世界中根本不存在——数学家们只是凭空创造了它们!

让我们来看看虚数到底是什么。当你将一个正整数（比如 2）平方时，你会得到另一个正整数 4。当你将 -2 进行平方时，你会再次得到 4。所以数字 4 有两个平方根：$+2$ 和 -2。那么 -4 呢? 它似乎根本没有平方根。数学家发明了 -4 的平方根。它是一个虚数，等于 $2i$，其中"i"是 -1 的平方根。

虚数"i"的诞生是出于必要性。公元 50 年，亚历山大市的赫伦（Heron），一位才华横溢的数学家，试图求出金字塔的一个几乎不可能求出部分的体积。答案是一个负数的平方根。

由于当时还没有虚数的概念，他被迫放弃了。当人们试图求出诸如 $x^2+1=0$ 之类的方程的解时，同样的问题又出现了。生活在 16 世纪的意大利数学家和博学者（对多个领域感兴趣的杰出人士）吉罗拉莫·卡尔达诺（Girolamo Cardano，1501—1576）在公元 1545 年用虚数解出了一个方程。但他对这个结果不太满意。他称虚数的概念是一种"精神折磨"。

然而，当我们将虚数与负数进行比较时，就能更好地理解虚数的概念。直到 17 世纪，负数都被认为是荒谬的。即使在今天，虚数也被认为是荒谬的。负数很奇怪，因为它比"无"都小，因此是有待证实的。虚数也很奇怪，因为它是比零还小的数的平方根。

负数的直观含义是什么？它的意思是完全相反的。当我们沿着数轴向相反方向走时，就会得到负数。虚数的直观含义是旋转。为了理解这一点，我们必须理解复数和复平面。复数是实数与虚数之和。可以写成：

$$z = (a + ib)$$

这里"a"是实部，"b"是虚部。每个复数都可以用复平面上的一个点来表示。复平面是一个抽象的概念，也是一个实用的概念，在复平面上定位一个点的方法与在图表上定位一个点的方法相同。向右移动"a"厘米，再向上移动"b"厘米，如图5.2所示。复平面有助于我们直观地理解复数。你可以将复数视为二维数字。

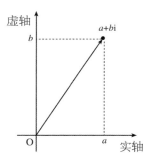

图 5.2　复平面

　　数字 1 具有单位长度且位于实轴上。虚数"i"也同样具有单位长度，但位于虚轴上。因此，1 乘以"i"表示在复平面上旋转 90°。当我们把"i"和它自身相乘时，得到-1。这又是一次逆时针方向旋转 90°。综上所述，

"i^n"表示在复平面上旋转 n 次，每次旋转 90°。

以下两个例子可以说明这一点：

当我们从实数 4 开始并连续乘以–1时，可以得到以下规律：

$$4, -4, 4, -4, 4, -4, \cdots$$

因此，我们可以看到乘以–1意味着在数轴上向相反的方向移动，如图 5.3 所示。

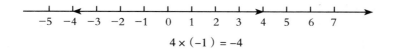

$$4 \times (-1) = -4$$

图 5.3　在数轴上乘以–1

当我们从 3 开始并连续乘以 i 时，可以得到以下规律：

$$3, 3i, -3, -3i, 3, \cdots$$

因此，乘以"i"意味着在复平面上旋转 90°，如图 5.4 所示。

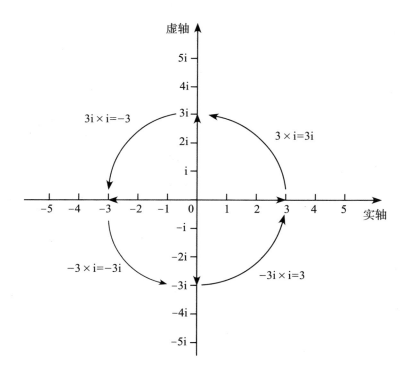

图 5.4　在数轴上乘以 i 的复平面

　　我们再举一个例子。复数 (1 + i) 与 x 轴成 45° 角，如图 5.5 所示。

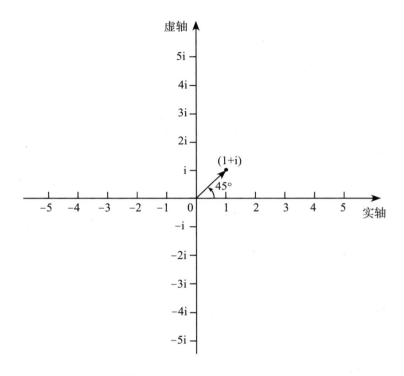

图 5.5　复数（1 + i）与 x 轴成 45° 角的复平面

　　如果我们用一个复数乘以（1+i），则会产生 45° 的旋转，如图 5.6 所示。让我们将它们相乘，看看会发生什么：

$$（3 + 4i）（1 + i） = 3 + 3i + 4i + 4i^2$$
$$= 3 + 7i - 4$$
$$= -1 + 7i$$

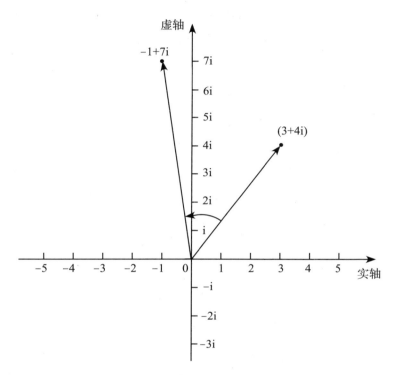

图 5.6　复数乘以（1 + i）的复平面

　　让我们尝试理解这在物理上意味着什么。如果我们有一个向东 3 个单位和向北 4 个单位的方向，并将其旋转 45°，就会得到向西 1 个单位和向北 7 个单位的方向。因此，复数的乘法运算使得旋转变得非常容易。

复数在许多领域都有着广泛的应用。复数的代数学极大地简化了物理和数学中的问题。工程师使用复数来分析梁上的应力和应变。（应力是对由重量引起的延展部分的测量）。

复数用于研究流体在障碍物周围的流动，例如管道周围的流动。如果没有复数分析，发射无线电波、使用手机通话和收听广播等，就不可能实现。虚数和复数在求和无穷级数以及求解代数方程时也十分有用。

尽管虚数和复数基于抽象概念，并且难以掌握，但它们的代数却非常简单，并且确实使数学家、物理学家和工程师的生活变得更简单。英国作家菲利普·普尔曼（Philip Pullman，1946—）曾把虚数比作亚当和夏娃。它们可能存在，也可能不存在，但如果你把它们纳入方程中，就可以计算出各种各样的事物。如果没有它们，这是让人难以想象的！

六、世界有多少个维度?

想想一个点。它完全没有维度。它不可能有长度、宽度或高度。一条直线是无限多个点的集合,只有一个维度,只可以沿它的一个方向移动。像正方形这样的平面图形是二维的,一个平面是通过拖动一条垂直于自身方向的直线来获得的,如图 6.1 所示。

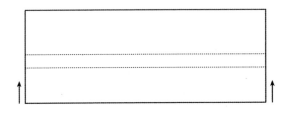

图 6.1　一条直线沿垂直于自身的方向移动所形成的平面

在一个平面上，你可以沿两个独立的方向移动——上下或左右移动。一个立方体是三维的。如果你将一个正方形抬高到与其边长相等的距离，它就形成了一个立方体，如图 6.2 所示。

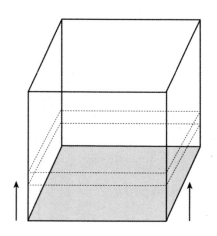

图 6.2 一个正方形沿垂直于自身的方向移动所形成的立方体

立方体的长度、宽度和高度赋予了它坚固的特性。人们可以使用被称为坐标几何的数学分支来研究二维平面或三维空间。你已经学会了如何绘制图形。图形上的每个点都对应一个 x 坐标（横坐标）和一个 y 坐标（纵坐标）。

当我们讨论三维空间时，除了 x 轴和 y 轴，我们还需要 z 轴。

我们可以把三维空间的概念扩展到四维空间吗？我们生活在一个三维世界中，我们周围看到的物体和与之互动的物体都是三维的。然而，数学家们在此基础上更进一步，他们使用与三维坐标几何相同的规则创建了四维空间的概念。只不过现在有了 4 个坐标。

那么，将事物视为四维的意味着什么呢？

想一想圆。它是平面上与圆心距离相等的一组点。它的边界是一条被称为圆周的线。球体是圆的三维版本，它是三维空间中的一组点，所有这些点到圆心的距离都是相等的。它的边界是一个曲面。进入四维空间后，我们就得到了一个超球体。超球体是四维空间中与给定点距离相同点的集合。

为了能够更加直观地了解超球体，让我们试着发挥一下想象力。假设一个球穿过一个平面。我们首先会看到一个点，然后是一个逐渐扩大的圆，接着是一个逐渐缩小的圆，最后又看到一个点。现在，如果一个超球体要穿过三维空间，我们将首先看到一个点，然后是一个逐渐扩大的球体，接着是一个逐渐缩小的球体，最后又是一个点！

立方体是正方形的三维版本，而超正方体（图 6.3）则是四维空间中的立方体。如何获得一个超正方体？当一个点被沿着一个特定的方向拉动时，就会得到一条直线。当一条直线被沿着垂直于自身的方向拉动时，就会得到一个正方形。当一个正方形被沿着垂直于自身的方向拖动时，就会得到一个立方体。为了获得超正方体，我们必

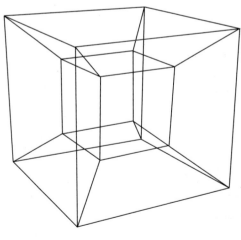

图 6.3　超正方体

须将立方体的角拉向垂直于 x、y 和 z 三条轴的方向。这对于我们这种三维生物来说几乎是无法想象的。超正方体通常通过将一个较小的立方体放在一个较大的立方体中来描述。

如果我们有四维生物，它们能做什么？

想象一个二维生物在平面上行走。当它走近一个正方形时，只会看到一条直线，这就是正方形的边界。我们能够看到整个正方形——边界和内部。事实上，我们看到的一切都是二维的，并能通过大脑的逻辑推理能力形成三维图像。以此类推，一个四维生物能够看到三维世界。它可以看到一个不透明盒子的六个面以及盒子里面的东西！

从数学和直觉上讲，我们现在已经理解了维度。但是维度如何应用于物理世界呢？宇宙存在于三维空间中。你可以把第四维度想象成时间。因此，在四维空间中，我们可以捕捉宇宙的历史——就像看 3D 电影一样。

让我们更进一步。如果我们有五个维度，那么宇宙中的一切历史都有可能发生——例如，恐龙从未灭绝的宇宙。如果考虑到第六维度，我们可以得到物理常数的所有可能值。例如，万有引力常数和光速会有各种各样的值。这些宇宙的结构将和现在的宇宙大不相同。

超维空间在物理学中非常有用，因为它们对力的理解非常重要。作用在物体上的力，无论是推力还是拉力，都可以导致物体开始或停止运动。它还可以改变运动物体的方向或静止物体的形状。自然界有四种基本力——引力、电磁力、弱核力和强核力。粒子之间的相互作用是由这些力中的一种或多种引起的。引力使行星保持围绕太阳运行，使月亮围绕地球运行。我们无法想象没有电的生活。我们所有的电子产品都是基于电磁力而工作的。强核力使原子核保持不脱离原子。弱核力在放射性过程中发挥作用，即不稳定的原子核自发发射辐射。

物理学家一直试图发展一种理论，将上述四种力统一起来。弦理论是在试图统一这四种力的各种理论中最受欢迎的理论之一。根据这一理论，宇宙的基本组成部分是弦状的。虽然它们只有一个维度，但却在多个维度上振动，根据振动方式的不同，它们可以表现为光、物质或引力的形式。这些弦实际上并不存在。它们是一种解释宇宙运行规律的数学概念。

超弦理论起源于一个更基本的十一维理论，即M理论。许多物理学家相信 M 理论可以解释宇宙中的一切。我们只需要相信这些超维空间是存在的！

我们还在爱因斯坦的狭义相对论中遇到了超维空间。人人都听说过阿尔伯特·爱因斯坦（Albert Einstein，1879—1955），他是迄今为止世界上最聪明的科学家之一。他的狭义相对论改变了我们看待世界的方式，颠覆了我们对空间和时间的常识观念。狭义相对论的方程可以很好地应用于被称为闵可夫斯基空间的四维空间。

科幻小说作家创造了具有超维空间的平行宇宙。生活在各个领域的人们并没有将自己局限于三维空间里。凭借你的想象力，你可以随时创建你想要的任意数量的维度！

七、制造混沌是如此容易！

对于普通人来说，"混沌"这个词意味着完全的无序和混乱。但在数学中，"混沌"指的是另一种东西。混沌理论是研究复杂系统的数学分支。让我们举几个例子来了解什么是混沌行为。

以一个简单的钟摆为例，它是可以被预测地来回摆动，直到摆动停止。如果你把第二个钟摆连接到第一个钟摆的顶端，你会发现第二个钟摆的摆动完全没有规律。

你可能知道，伟大的物理学家艾萨克·牛顿（Isaac Newton，1643—1727）爵士发现了万有引力定律和三大运动定律。他用这些定律证明了太阳系是如何运行的。然而，这其中存在一个小问题。在只有两个天体的情况下，这个理论才能很好地发挥作用。生活在19世纪末的法国著名数学家亨利·庞加莱（Henri Poincaré，1854—1912）试图引入第三个天体并求解相同的方程。然而，他无法得到任何解。他还发现，三个天体初始位置的微小变化会导致物体的运动轨迹发生巨大变化。这些都是混沌理论的核心思想。

庞加莱是第一个研究混沌系统的人。然而，数学家和物理学家在大约一百年的时间里几乎忘记了混沌理论。1960年，数学家兼气象学家爱德华·洛伦兹（Edward Lorenz，1917—2008）在麻省理工学院的计算机上创建了一个天气模型。他的天气模型使用了一套复杂的公式，这些公式包含了大量的数字。在这些数字的帮助下，洛伦兹能够"创造"云、风、热和冷！他的同事和学生被这个天气模型深深震撼，因为它从不重复序列，而且它的预测结果与实际天气非常相似。有些人甚至希望洛伦兹有一天能发明出终极天气预报器。

在 1961 年的某个冬日，洛伦兹决定重新检查他的计算机的输出结果。他没有运行整个程序，而是从中间的某个地方开始，让他的计算机重新进行计算。他的发现是相当出乎意料的。重新运行后获得的数据应该与第一次运行的数据完全相同。然而，虽然最初数据确实是一致的，但运行一段时间后，所获得的结果却大不相同。洛伦兹很快意识到，之所以会出现这种情况，是因为他将输入的数据四舍五入到小数点后三位，而不是保留到小数点后六位。

洛伦兹意识到，长期的天气预报注定会失败。初始条件的微小变化将会导致结果的巨大变化。这就是所谓的"蝴蝶效应"。"蝴蝶效应"的字面意思是说，一只蝴蝶在巴西扇动翅膀，就可能会在得克萨斯州引发龙卷风！

混沌理论被用于研究复杂系统。在经典物理学中，当我们处理牛顿运动定律、电学和磁学等问题时，我们会得到可预测的结果。如果我们知道起点，就能知道终点。然而，混沌理论处理的是无法预测或控制的系统。

复杂系统包含如此多的元素，这些元素以如此多不同的方式运动，以至于我们需要计算机来计算所有可能的结果。混沌理论直到 20 世纪下半叶才出现，因为在此之前还没有计算机。混沌理论这么晚才诞生的另一个原因是量子物理学（物理学的一个分支，研究比原子更小的粒子）在20世纪上半叶才被引入世界。在量子物理学诞生之前，人们相信因果关系。他们相信某种行为总是会产生相同的结果。他们还相信，如果我们能够捕捉并测量宇宙中每一个粒子的速度，我们就能够用数学方程预测一切。

量子物理学告诉我们，在行动的初始条件中总是存在一定程度的不确定性，这将导致不可预测的结果。这就是混沌理论的基础。

复杂系统由于变量众多而非常混乱，我们通常很难从中找出规律。不过，在某些技术的帮助下，我们可以使用图上的一个点来代表整个系统。然后我们就可以让计算机运行它的程序，我们可以观察这个点是如何遵循某个规律的。

混沌理论的早期研究者发现，复杂系统也会经历某种循环，系统会试图达到某种平衡。这种平衡状态被称为吸引子。想象一下，有一所有一千名学生的学校。它的师生比例很好，有一百名教师。四十人教授人文学科，四十人教授科学，其余的教授创造性艺术。这属于某种平衡（指稳定状态）。每个人都对这种现状感到满意。假设增加了一百名学生。他们又以相同的比例增加了一些教师，平衡又得以维持。这种新的平衡被称为吸引子。

试想一下，如果有十名科学老师离开并加入了其他学校。孩子们有六个月的时间没有科学老师。当新老师加入时，学生们已经习惯了自由支配的时间，对科学失去了兴趣。新老师无法维持课堂纪律。他们失去了动力，一个接一个地离开了。无论有几个月的间隔，同样的情况都会重演。这种令人不愉快的情况也是某种平衡，但却是一种动态的平衡，这意味着情况总是在两种状态之间来回变化。动态平衡被称为奇异吸引子。

吸引子和奇异吸引子的区别在于，吸引子表示一个系统最终稳定下来的平衡状态，而奇异吸引子则表示一系列事件不断重复发生，也许是近似重复，但却从未稳定下来。

吸引子的发现非常令人兴奋并富有启发性，但混沌理论家们发现的最奇妙的东西是所谓的自相似性。自相似性能帮助我们更好地理解和塑造宇宙、世界，甚至我们自身的机制！

什么是自相似性？这是自然界的一个基本原则，它使得自然界的构件在它们创造的结构中一遍又一遍地复制自己的形状。这可以从树木的分支方式中看出。

自相似性是一个具有深远影响的概念。它在自然界中随处可见。许多人认为，自相似性是塑造我们世界的基本原则之一。人们的所有研究领域都涉及了自相似性——物理学、生物学，甚至心理学和社会学等。

我们可以在哪里应用混沌理论？地球的天气系统可以用混沌理论来描述，生活中的一些现象也可以用它来描述，比如当水沸腾时观察到的水分子的运动。当我们在研究鸟类的迁徙模式，甚至植被的跨大陆蔓延趋势时，也可以应用混沌理论。即使在电影中，当我们观察到大量运动和运动的物体时，我们实际上是在观看基于混沌理论的图形。

股票市场是混沌系统的一个很好的例子。当股票价格上涨或下跌时，人们争相买入或卖出该股票。这对股票价格有直接的影响——价格混乱地上涨或下跌。

混沌让我们以一种不同的方式看待世界。传统科学可以处理重力、电力或化学反应等可预测的现象。混沌理论研究的现象则涉及多种因素，而不是只具有简单的因果关系，例如天气、股票价格或我们的大脑状态，这些都是无法预测或控制的。然而，人们可以使用分形数学来研究它们。混沌理论来源于天气预报，如今却有更广泛的应用。通过混沌理论来了解我们的生态系统、社会系统和经济系统实际上是相互关联的，我们可以通过避免采取那些现在看起来有益但从长远来看对我们所有人都有害的行为，来为自己和整个社会做出更好的决策。

八、无尽的分形世界

分形极其简单,却又无比复杂,它的魅力无穷无尽,令人深深着迷。它们是数学与艺术、计算与自然世界的交汇点。分形一直存在,但数学家们在 20 世纪 70 年代才开始对它们产生兴趣。分形是一种几何图案,它在更小或更大的尺度上无休止地重复,以产生不规则的形状,而这些形状无法用我们所知的几何图形来表示。从数千光年外的螺旋星系到完美对称的雪花,各种尺度上都有分形。

20 世纪的数学家伯努瓦·芒德布罗(Benoit Mandelbrot,1924—2010)在 1975 年创造了"分形"这个词,意思是不规则的或支离破碎的。在此之前不久,路易斯·弗莱·理查德森(Lewis Fry Richardson,1881—1953)

在研究英国海岸线长度时发现了这一现象。他意识到测量结果在很大程度上取决于测量它的仪器。如果他使用最小刻度是 1 英里的测量仪器，就会得到一个确定的答案，但是如果他使用最小刻度是 1 英尺的仪器，测量结果就会大。如果他用一个最小刻度是 1 英寸的仪器来测量海岸线的长度，他就会考虑到所有的角落和缝隙，并得到一个大的答案。尽管海岸线所包围着的土地面积一直保持不变，但海岸线的长度却在无休止地增加。

分形的美妙之处在于，虽然图案非常复杂，但都源于简单的图形。

例如，以一个三角形为起点，将其边长缩小到原来的一半，如此便得到了另一个三角形。现在取四个与较小三角形全等的三角形，并将它们插入到较大的三角形中。人们可以一直重复这个过程。我们得到的图形就是一个分形。它被称为谢尔宾斯基三角形，如图 8.1 所示。

图形的起点不仅仅只有三角形。我们几乎可以从任何形状或图形开始，通过重复上述过程，得到一个分形。

分形最大的特点是它们存在分数维度。一个分形的维度可能是 1.2。让我们试着理解这意味着什么。假设有一条 1 米长的线，它是一维的。如果用 50 厘米的刻度尺测量，测量值为 2。如果你有一个边长为 1 米的正方形（这是二维的），并试图用边长为 50 厘米的正方形来测量它，你会得到结果为 4 的测量值。如果你尝试用分形做同样的事情，你不会得到 1 或 4。你会得到一个介于两者之间的值。这告诉我们，分形不像一维物体那么简单，但也不像二维物体那么复杂。它的维度介于 1 和 2 之间。

图 8.1　谢尔宾斯基三角形

分形在自然界中随处可见。自然界的规律有助于分形的产生。菠萝的生长似乎受这些规律的支配。冰晶的生长也是如此，如图 8.2 所示。分形形状多出现在河流三角洲地区和我们身体的静脉血管中。它们使得植物可以最大限度地暴露于阳光下，也使得我们的血液循环系统可以有效地将氧气输送到身体的各个部位，因此它们是高效的。

图 8.2　冰晶

我们的大脑中也充满了分形！人脑中有 1 000 亿个神经元或脑细胞，其中有大约 100 万亿个突触或连接。脑细胞有两种分支状突起，分别被称为轴突和树突。神经元的轴突伸出并与其他神经元的树突建立突触连接，以便将电刺激从一个神经元传递到另一个神经元。正是因为轴突和树突具有分形结构，它们才能与如此多的细胞进行交流。

西兰花的形状就像一个分形。松果种子也是如此。许多植物的叶子都长成了分形。分形还可以在冰晶、树木（图8.3）、河流、树叶、雨滴甚至气泡的形成过程中看到。

图 8.3　一棵树中的分形

混沌和分形是可以用方程来描述的，因为当我们绘制混沌行为图时，往往会获得类似分形的图案。

除了美丽和迷人之外，人们研究混沌和分形这两种现象还因为它们在科学上有很多应用。原因是相比于传统的数学和物理学，它们通常能够更好地描述现实世界。

分形可能会彻底改变我们感知宇宙的方式。宇宙学家通常认为物质在整个空间中是均匀分布的。但观察结果表明，事实并非如此。宇宙似乎确实在较小尺度上具有类似分形的结构。没有人真正了解整体尺度的情况，但一些科学家声称宇宙的结构在所有尺度上都是分形的！为了证明这个理论，我们需要大量的实验证据。

自然界中的许多事物——树木、云层的形成、天气的变化、水流的运动或动物的迁徙模式都具有分形的性质，可以用混沌理论来描述。通过分形几何，我们可以直观地模拟我们在自然界中看到的许多现象，例如土壤侵蚀和地震模式。

计算机图像通常会被压缩，以便在给定量的内储空间中存储更多的图像。为此，人们采用了分形图像压缩技术。这项技术的基础是分形几何可以很好地描述现实世界，因此，使用这项技术，我们能够更大程度地压缩图像。

九、金字塔真的很神奇！

你可能已经知道，金字塔是古埃及国王——法老的宏伟石墓。它们是古代世界七大奇迹之一，也是唯一现存的奇迹。每年有超过 1 500 万来自世界各地的游客参观金字塔。

古埃及人相信将法老制成木乃伊，可以让他们实现永生。设计这座坟墓的目的是保护法老的尸体。古埃及人在墓室里放置了珍宝，以确保法老的来世也是美好的。他们还放置了图画，向众神展示法老生前是一个多么优秀的人，是一位多么伟大的国王。法老生前的宠物，甚至仆人，都会被制成木乃伊并放入其中，以便他们在法老的来世继续为他服务。

大多数金字塔都建在尼罗河的西侧，离沙漠不远。沙漠的干燥有助于保存法老的尸体。位于吉萨的胡夫金字塔是现存最大、也是最著名的金字塔，是为法老胡夫建造的。它的高度超过 140 米，据估计古埃及人花了 20 年的时间才将其建成。

金字塔至今仍是世界上最大的历史谜团之一。不仅考古学家和历史学家对它们深深着迷，数学家和天文学家也是如此！这是因为大金字塔内部存在着一些有史以来最奇怪的数学谜题。这些究竟是巧合，还是古埃及人对宇宙几何学的了解远远超出了我们的想象？或者，正如一些疯狂的人所相信的那样，大金字塔是由来自另一个星球的具有超常智慧的种族建造的，他们决定给我们地球人留下无穷无尽的谜题来思考？

猎户座之谜

想想看，金字塔在地面上形成的图案与猎户座的星星形成的图案非常相似。

由罗伯特·鲍瓦尔（Robert Bauval）和艾德里安·吉尔

伯特（Adrian Gilbert）撰写的《猎户座之谜：解开金字塔的秘密》（*The Orion Mystery*：*Unlocking the Secrets of the Pyramids*）在 1994 年引起了轩然大波。这本书的作者声称终于发现了金字塔的秘密。根据书中阐述，埃及的亡灵世界位于天空中。他们相信死去的国王会成为猎户座的星星。因此，金字塔的布局与猎户座相似。金字塔与猎户座的相似性是纯属巧合，还是古埃及人真的懂得很多天文学和几何学知识呢？

更多巧合

你如果研究地球，就一定知道纬度和经度。在金字塔处相交的经纬线比其他任何经纬线跨越的陆地表面都多。因此，金字塔正好坐落于地球陆地的正中心。金字塔的原始周长正好是赤道的时分度的二分之一，地球上陆地的平均海拔高度恰好是金字塔的高度。金字塔表面的曲率与地球的半径完全吻合。这些仅仅是巧合，还是古埃及人对地球的尺寸有更深入的了解？由于地球有足够的土地面积，可以为金字塔提供 30 亿个可能的建筑地点，那么金字塔建在它现今的地方的几率就是 30 亿分之一。

对准精度

金字塔的两侧呈南北和东西走向。这种排列的精确度非常高。平均误差不到 0.06%。古埃及人是以星星还是太阳作为参照物，我们永远不会知道。金字塔的地基非常平整。没有一个角比其他角高或低超过半英寸，四个角几乎是完美的直角。建造者使用了什么工具来获得如此高的精度呢？他们肯定没有我们现在拥有的所有电子测量技术！那么，他们使用了什么？

大金字塔的方位在正北的3/4英寸以内——正北是沿着地球表面朝向北极的确切方向。住在离北极这么远的古埃及人是怎么知道这个方向的呢？

金字塔和圆周率

你们已经了解过圆周率了。如果用埃及金字塔的周长除以它的高度，就会得到一个 2π 的近似值。这又是一个巧合，还是金字塔的建造者对 π 有所了解？最早的关于 π 近似值的文字记载是在古埃及和古巴比伦发现的。

金字塔与黄金比例

在数学和艺术中，如果两个量之和与较大的量之比等于较大的量与较小的量之比，则称这两个量为黄金比例，如图 9.1所示。它由希腊字母 ϕ（phi）表示，近似值为 1.618。自古希腊时代以来，许多艺术家和建筑师在他们的作品中使用了这个比例，他们认为这个比例具有美学价值。大金字塔的表面积与其底面积之比是 ϕ，符合黄金比例，这也是金字塔的另一个神秘之处。

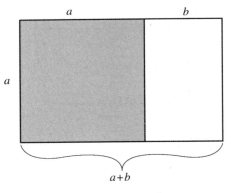

图 9.1　黄金比例：$\dfrac{a+b}{a} = \dfrac{a}{b}$

把圆形变为正方形

古代数学家曾提出过一个问题。仅使用直尺和圆规，

绘制一个周长（外边界长度）与给定圆相同的正方形。许
多人花了很长时间试图解决这个问题。事实证明，在 19 世
纪末，这项任务是不可能完成的。但是，如果以大金字塔
的高度为半径画一个圆，它的周长就与金字塔底部的周长
相等！如图 9.2 所示。古埃及人是否意识到了这个特殊的数
学问题，大金字塔是否就是他们的答案？

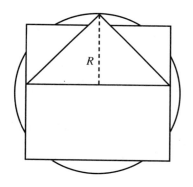

图 9.2　当圆的半径=金字塔的高度时，
圆的周长与金字塔底部的周长相等

金字塔和海里

海里是一个与经度长度相关的长度单位。它被海上和
空中的导航员广泛使用。金字塔正方形底部的周长恰好是

半海里。这是另一个巨大的巧合，还是古埃及人知道地球的尺寸？

光速与金字塔

光速是 299 792 458 米/秒，这是一个宇宙常数。如今，吉萨金字塔的大画廊中心的精确纬度就是 29.979 245 8° N！这难道不是一件很神奇的事情吗？

太阳系的尺寸

地球离太阳最近的距离是 146×10^7（1.46 亿）千米。如果将这个数字换算成以肘尺（一个古老的长度单位，定义为肘部到中指指尖之间的距离）为单位，结果就是 280×10^9 肘尺。大金字塔的塔高是 280 肘尺。金字塔内部有一个花岗岩棺椁。如果取其周长的两倍乘以 10^8，就可以得到太阳的平均半径。这些巧合实在是太多了，完全不容忽视。

更多数学

你听说过斐波那契数列吗？下面给出了这个数列的前几项：

$$0, 1, 1, 2, 3, 5, 8, \cdots$$

我们看到的是，该数列中任意两个连续数字之和等于下一个数字。斐波那契数列和其他求和数列在自然界中是存在的。金字塔的结构比例告诉我们，建造金字塔的古埃及人一定已经知道了这个数列。

金字塔仍然是一个谜。有些人终其一生都在试图揭开这些令人惊叹的建筑之谜以及金字塔建造者们的所思所想。但最终，我们所能做的只有为之惊叹。

十、为什么阿喀琉斯跑不过乌龟？
——数学的悖论

让我来给你讲一个故事。乌龟曾经向希腊神话中的大英雄阿喀琉斯（Achilles）发起挑战，要进行一场赛跑。它说："让我先跑一段距离，我就能赢得比赛！"阿喀琉斯听完以后觉得很好笑，因为他是一个强大的战士，而且脚步敏捷，而乌龟却又慢又重。

"你需要提前跑多远？"他问乌龟，只是想逗逗它。

"十米。"乌龟回答。

"你知道我可以在很短的时间内跑完十米。"阿喀琉斯说。

"但是在这么短的时间内，我又能跑多远的距离呢？"乌龟问道。

"也许是一米。"阿喀琉斯若有所思地回答。

"那你能很快跑完一米吗？"乌龟问。

"当然。"阿喀琉斯回答道。

"但到那时我已经跑得更远了。"乌龟说。此时，阿喀琉斯明白了乌龟和他的争论点。按照乌龟的逻辑，阿喀琉斯永远也跑不过乌龟。

这就是芝诺悖论之一。埃利亚的芝诺（Zeno of Elea，前490—前430）设计了一系列哲学问题来证明运动只不过是一种幻觉。乌龟论证的要点在于，无限多个时间段加在一起可以得到一个有限的答案。例如：

$$1 + 1/2 + 1/4 + 1/8 + \cdots = 2$$

悖论之所以有趣，是因为它们挑战了我们凭直觉而得的逻辑。它们挑战了我们的基本假设，让我们不得不认真地思考。对许多已知悖论的困惑，已经引领科学、哲学和数学取得了重大的进步。我们已经讨论过无限酒店和伽利略悖论。让我们再来探讨一些悖论，看看它们有多大的挑战性。下面是康托尔悖论：

数学中的集合是定义明确的对象的集合。它的子集是包含在其中的集合。幂集是一个重要的概念。给定集合的幂集是其中所有子集的集合。根据定义，幂集比集合本身大。现在想象一下所有集合的集合。它应该是所有集合中最大的。但这个集合也有一个更大的幂集。所以一个所有集合的集合就是一个悖论。

康托尔在无限集方面做了大量工作，他的工作引发了许多悖论。他证明了无限集是有层次的。所有自然数的集合是一个无限集。所有偶数的集合也是一个无限集。它们具有相同的大小，因为我们可以证明这两个集合之间存在一一对应的关系。然而，实数集也是无限集，但比自然数集"大"。所有集合的集合，也就是最大的集合，是不存在的。给定一个集合，总会有一个比它更大的集合存在。

现在让我们来看看库里悖论。这是一个自我指涉的陈述，也就是说这个陈述指向它自己。它是这样说的：

"如果这一说法属实，那么德国与中国接壤。"

让我们试着理解为什么这是一个悖论。首先，我们假设这个陈述是正确的。那么德国应该与中国接壤。我们知道，这是错误的。现在我们假设该陈述是错误的。这样的话，中国就不应该与德国接壤。但这是事实。这就是为什么这个陈述是一个悖论。"我是个骗子"也是一个类似的悖论。

接着，我们来看看所谓的土豆悖论。它是一个用来描述数学计算的术语，它给出了一个与直觉相反的结果。原问题表述如下：

假设你有100克来自火星的土豆，其含水量为99%。然后让它们脱水，直到含水量达到98%。现在土豆有多重？答案是50克。含水量减少如此小的百分比，土豆的重量却下降了这么多，这难道不令人惊讶吗？让我们来看看这是如何导致的。我们从100克土豆开始。其中99克是水，1克不是水。接着，我们将土豆脱水直至它的重量降为 50 克。非水量（1 克）保持不变。现在的水量为 49 克。49/50 是 98%。

电梯悖论是由马文·斯特恩（Marvin Stern）和乔治·伽莫夫（George Gamow，1904—1968）首先发现的。两人都是物理学家，他们的办公室在一栋多层建筑的不同楼层。伽莫夫的办公室靠近一楼，他注意到最先停靠在他所在楼层的电梯大多数时候都是下行的电梯。斯特恩的办公室靠近顶层，他注意到最先停靠在他所在楼层的电梯大部分时间都是上行的。仿佛轿箱是在电梯大楼中间制造的，然后向上送到屋顶，向下送到地下室拆除！

显然，事实并非如此。那么，这个奇怪的现象应该如何解释呢？一个简单的解释是，如果我们只有一部电梯，那么它大部分时间都是在大楼较大的区域，因此更有可能从那个方向过来。然而，当电梯数量较多时，分析就会变得更加复杂。

"有趣的数字悖论"很好玩。如果一个数字具有某些不寻常的性质，就可以说它"有趣"。例如，2 很有趣，因为它是唯一的偶素数。3 是第一个奇素数，因此很有趣。6
的真因数之和等于 6。这使得 6 成为一个有趣的数字。可能
存在没有趣的数字吗？这个悖论指出所有自然数都是有趣
的。我们可以用反证法来证明这个说法。假设有一组无趣
的数字。最小的无趣数会引起人们的兴趣，因为它在某些
方面很特别。这就是为什么"可能存在没有趣的数字"是
一个悖论。

你听说过失踪的正方形拼图吗？这实际上是一种视觉
上的错觉，在数学课上用于帮助学生推理几何图形，而不
是根据外表得出结论。如图 10.1 所示，它描绘了两个由外

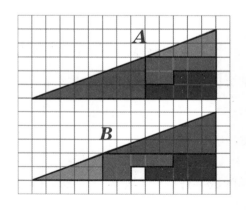

图 10.1　失踪的正方形拼图

观相似的部分组成的三角形。而其中一个三角形缺少了一个正方形，这个谜题的关键在于，这两个"三角形"都不是真正的三角形，尽管它们在肉眼看来是三角形。但这两个"三角形"的斜边都有轻微的弯曲。

人类的思维总是被悖论所吸引。它们既令人困惑，又令人无法抗拒。哲学本质上也有许多悖论——如果上帝是无所不能的，为什么他不能创造一块他自己也搬不动的石头呢？让我们回到那个古老的问题——先有鸡还是先有蛋？类似的悖论还有很多。你能创造出属于自己的悖论吗？

十一、斐波那契数列：自然数列

请看下面的数列：

$$0, 3, 8, 15, 24, \cdots$$

接下来会是什么？

答案是35。这个数列中的每个数字都遵循一定的规律。如果 T_n 是数列中的第 n 项，则

$$T_n = n^2 - 1$$

数学中充满了这样的序列。在基础阶段，这些数列帮助孩子们理解和应用算术规则。而在高级阶段，数学家、物理学家，甚至工程师都使用不同的数列来解决复杂的问题。

大自然也有自己的数列。兔子的繁殖、叶子在茎上

形成的图案、松果的排列和蜜蜂的家谱都可以用数字来描述。这些数字构成了斐波那契数列。它是一个以 0 或 1 开头的无穷数列。

该数列由以下规则生成：

$$T_n = T_{n-1} + T_{n-2}$$

因此，数列的每一项都是前两项之和。该数列的前几项是：

0, 1, 1, 2, 3, 5, 8, 13, …

或

1, 1, 2, 3, 5, 8, 13, 21, …

让我们来看看如何将这些数字与兔子的繁殖联系起来。我们必须从几个假设开始。第一个假设是兔子在两个月大时开始繁殖。然后他们每个月都繁殖一次。每对兔子都会生下一对小兔子。而它们永远不会死。我们假设一开始只有一对兔子。一个月后，只有一对，但它们即将成熟。两个月后，兔子会繁殖出另一对兔子。现在我们就有了两对兔子。下个月，第一对兔子会再次繁殖，但第二对兔子不会（因为它们还没有成熟到可以繁殖）。所以我们就有了三对兔子。其中，两对是成熟到可繁殖的，一对是没有成熟到可以繁殖的。因此，下个月就会有五对兔子（三对加两对），以此类推。我们可以使用这种方法创建一个表格，见表11.1。

表11.1 兔子的繁殖规律

月	未成熟不可繁殖的兔子/对	已成熟可繁殖的兔子/对	总数/对
1	0	1	1
2	1	1	2
3	1	2	3
4	2	3	5
5	3	5	8

其中，表示兔子总数的那一列符合斐波那契数列。

令人惊讶的是，当我们从斐波那契数列中取任意两个连续的数字时，它们的比值非常接近黄金比例。我们在关于金字塔的那一章节中提到过这个比例。在数学中，如果两个量的比值等于它们的总和与两个量中较大者的比值，那么这两个量符合黄金比例。用代数方法可表示为

$$(a+b)/a = a/b = \phi$$

其中，希腊字母 ϕ 表示黄金比例，值为1.618。

更令人惊讶的是，我们可以使用黄金比例计算出任何斐波那契数。

斐波那契数列的另一个奇妙之处在于，如果我们取该数列给出的数字作为正方形的边长，并把正方形的对角连接在一起，就会得到一个奇妙的螺旋，如图11.1所示。

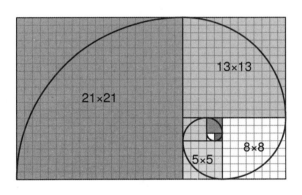

图11.1 斐波那契螺旋

你听说过帕斯卡三角形吗？它是由二项式系数所给出的数字组成的三角形数组。你应该阅读过有关代数表达式和系数的内容。当我们写下 $(x + y)^n$ 的表达式时，就会得到一个二项式系数。这里的"n"是一个自然数。

当 $n=0$ 时，

$$(x+y)^0 = 1$$

当 $n=1$ 时，

$$(x+y)^1 = x+y$$

当 $n=2$ 时，

$$(x+y)^2 = x^2 + 2xy + y^2$$

当 $n=3$ 时，

$$(x+y)^3 = x^3 + 3x^2y + 3xy^2 + y^3$$

各个代数项的系数就是二项式系数。它们构成了一个三角形：

$$1$$
$$1 \quad 1$$
$$1 \quad 2 \quad 1$$
$$1 \quad 3 \quad 3 \quad 1$$
$$\cdots$$

这个三角形被称为帕斯卡三角形。令人惊奇的是，当我们将对角线的项相加时，就会得到斐波那契数列。

斐波那契是否发明了这个数列至今尚存疑问。历史证据表明，该数列可能起源于印度，后来由斐波那契引入西方。法国数学家爱德华·卢卡斯（Edouard Lucas，1842—1891）发明了其他相关的数列，并将其命名为斐波那契数列。

斐波那契数列可以用在哪里？这个数列在自然界中随处可见，特别是在图案的形成中——植物花瓣的数量、菠萝或松果上的节段数、鹦鹉螺壳的结构都可以用斐波那契数列来描述。

这个数列有一个惊人的应用——它可以用于将英里换算成公里。如果你要将 5 英里换算成公里，你会得到一个非常接近数字 8 的值，而 8 正是斐波那契数列中的下一个数字。有时候，在运行计算机程序时，我们会使用斐波那契搜索法，这是一种使用斐波那契数字的方法。

如果你想知道用 1×2 的多米诺骨牌铺成一个 $2 \times n$ 的网格有多少种方法，答案是斐波那契数列的第 n 项。如图 11.2 所示，给出了一个用 1×2 的矩形铺成 2×7 的矩阵的示例。

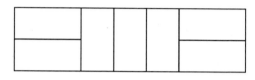

图 11.2 2×7 的矩形

如果一个楼梯有 n 个台阶，你每次可以爬一到两个台阶，那么爬到楼顶的方法数量，也是由斐波那契数列给出的第 n 项。

该数列在金融和数学领域均有应用。交易者可以利用斐波那契数列来获益。一个能给出兔子数量的数列竟然可以被交易者使用，这难道不是一件很神奇的事情吗？这就是为什么数学如此美丽，又如此充满神秘。

十二、不可能物体的数学

　　如图 12.1 所示，你看到了什么？一双手，每只手都在画另一只手！这可能吗？在三维空间里是不可能的。但是当我们在一张二维纸上画出某些图形时，我们就能描绘出不可能物体！

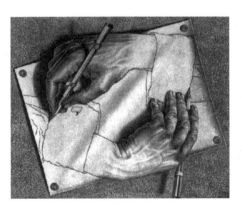

图12.1　埃舍尔的插图

生活在20世纪的艺术家莫里茨·科内利斯·埃舍尔（Maurits Cornelis Escher，1898—1972）以其受到数学启发的创作而闻名。埃舍尔没有接受过任何数学训练。他只是对数学有一种直观的认识。然而，他的作品却展现出强烈的数学思想。他画中的一些世界是基于不可能物体创作的，比如彭罗斯三角形和彭罗斯楼梯。

那么，什么是不可能物体呢？不可能物体（也称为不可能图形或不确定图形）实际上是一种视觉上的错觉。它是一个二维图形，而我们的视觉系统试图将其解释为三维物体，然后得出结论，该物体是不可能的。一个不可能的物体会让人大吃一惊，因为我们天生就希望把二维图像解释为实体的三维物体。心理学家、数学家和艺术家都对不可能物体很感兴趣，但却不能将它们归为其中一类。

图 12.2 是内克尔立方体的图片。当我们看这幅图时，大脑会立即得出结论，它们是立方体，而不是两个由对角线连接的正方形。左边的正方形似乎正对着我们，因为我们通常是从上方观察物体的。聚焦到另一点后，我们会发现右边的正方形也可能是面向我们的。

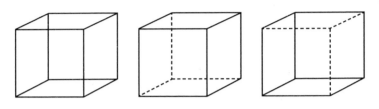

图 12.2 内克尔立方体

这种不确定性被称为模糊性。埃舍尔利用这种模糊性创造了不可能立方体，如图 12.3 所示，它似乎违背了所有的几何定律！

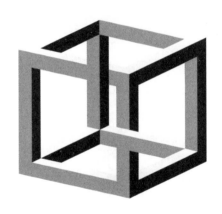

图12.3 不可能立方体

彭罗斯楼梯，也被称为不可能楼梯，是由莱昂内尔·彭罗斯（Lionel Penrose，1898—1972）和他的儿子罗杰·彭罗斯（Roger Penrose，1931—）创造的一个不可能物体。它是一幅由楼梯围成一个环形的二维图像，如图 12.4所示。它给人的印象是人们可以无休止地攀爬楼梯，但却永远爬不到更高的地方！

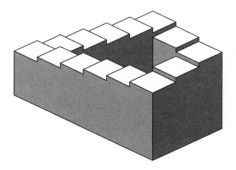

图 12.4　彭罗斯楼梯

彭罗斯三角形是另一个不可能物体的例子，如图 12.5

图 12.5　彭罗斯三角形

所示。它是由瑞典艺术家奥斯卡・罗伊特斯瓦德（Oscar Reutersvärd）于 1934 年创造的。心理学家莱昂内尔・彭罗斯和他的儿子罗杰・彭罗斯（他是一名数学家）提出了这个想法，并在 20 世纪 50 年代将其推广开来，称之为"最纯粹的不可能"。

一个著名的不可能物体是魔鬼音叉。它的一端似乎有三个圆柱形的叉齿，而在另一端却神秘地变成了两个矩形的叉齿，如图 12.6 所示。

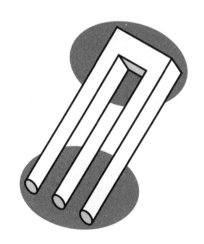

图 12.6　魔鬼音叉

不可能物体已被用于科幻小说、恐怖电影和书籍的特效中。例如，在《星际迷航：下一代》（*Star Trek: The Next Generation*）的"我，博格人"那集中，进取号船员策划了一个邪恶的计划，要消灭博格人的整个种族。博格人是凶残的外星人，他们的思想是相通的。进取号船员计划让其中一个博格人看到一张复杂的不可能物体的图片。这张图片将被传输到博格人的巢穴。试图理解这张图片会使他们的大脑超负荷，进而摧毁他们。然而，该计划从未实施过，因为这相当于种族灭绝或蓄意杀害某个种族或族群的大量人口。

电视连续剧《辛普森一家》（*The Simpsons*）利用了不可能物体来增强视觉冲击力。在其中一集中，一家人跑过一个埃舍尔式的客厅。在另一集中，丽莎·辛普森（Lisa Simpson）在车库拍卖会上捡到了一个魔鬼音叉。

《克苏鲁的呼唤》（*Call of Cthulhu*）是美国作家霍华德·菲利普·洛夫克拉夫特（Howard Phillips Lovecraft，1890—1937）创作的短篇小说，书里有一个名为莱耶（R'lyeh）的城市。这座城市的建筑风格基于非欧几里得几何（源于一系列不同假设的几何学），这看起来是不可能的。仅仅是凝视这座城市的建筑就能让人发疯！

塔迪斯（TARDIS）是英国电视连续剧《神秘博士》（*Doctor Who*）中的宇宙飞船和时间机器，它也是一个不可能物体。它的内部比外部要大！它也是基于非欧几里得几何的风格。非欧几里得几何似乎违背了常识。在欧几里得几何或普通类型的几何中，如果有一个点 A 和一条直线，我们只能画一条通过 A 且平行于给定直线的直线。而在非欧几里得几何中，我们可以画出无数条通过 A 且平行于给定直线的直线。

在非欧几里得几何中，空间本身是弯曲的，有椭圆几何和双曲几何。

欧几里得几何　　　　双曲几何　　　　椭圆几何

图 12.7　欧几里得几何与非欧几里得几何

为了解释不可能物体，我们既需要借助数学，也需要借助人类心理学。我们的世界是三维的。当我们观察一个三维物体时，我们的视网膜上会形成一个二维图像。我们的大脑能够将其与三维物体联系起来。现在存在某些二维图形，它们不能与三维世界中的物体联系起来。这些就是不可能物体。不可能图形的悖论产生的原因是图形有两个或两个以上人眼感兴趣的区域。聚焦于一个区域会让我们相信重建后的物体在空间上以特定的方式排列。而聚焦于另一个区域时，眼睛会得出"物体"有另一个方向的结论。因此，当我们把这个图形作为一个整体来看时，它就没有任何意义了。只要我们观察这个图形，两种视角就会产生分歧，我们就会感到困惑。

艺术家们喜欢不可能， 20 世纪 20 年代曾有一场名为超现实主义的运动。超现实主义者认为，在这个世界上寻找真理的方法是通过潜意识和梦境，而不是逻辑。超现实主义就是用一个人的想象力来做实验。许多艺术家、诗人和作家都参与了这场运动。超现实主义者从西格蒙德·弗洛伊德（Sigmund Frend，1856 — 1939）的理论中汲取灵感。弗洛伊德是一个研究心灵、记忆和人类本能的人。超现实主义者喜欢将通常不会出现在一起的物体组合在一起，从而创造出近乎不可能的艺术形式。

标志性超现实主义画家萨尔瓦多·达利（Salvador Dali，1904—1989）创作的《记忆的持久》（*Persistence of Memory*）可能是最著名的超现实主义艺术作品。这幅画描绘的是一只融化的手表，给人一种身处梦中，时间是无关紧要的感觉。

既然你已经了解了不可能物体，那么你能创造出属于自己的不可能物体吗?

十三、为什么你无法阅读此信息？

你一定用密码给你的朋友传递过秘密信息。是不是很有趣？你可能会把一个合适的句子，以某种方式打乱每个单词的字母，然后让你的朋友把它恢复原状。你所做的事就是所谓的"加密"。你知道加密是一门古老的科学吗？早在人们学会写字的时候，这门科学就已经存在了。

密码的历史令人着迷。密码的产生源于将秘密信息传递给朋友，同时又不被敌人识破。国王们向他们的盟友发送加密信息。美国的开国元勋之一，乔治·华盛顿（George Washington，1732 — 1799）曾向战友发送加密信息。摩尔斯电码是 19 世纪发明电报时发展起来的一种加密系统，它使用点和划线来表示每个数字和字母表中的字母。

纵观历史，我们有密码制作者和密码破译者。密码制作者会选择合适的方法来加密信息。密码破译者则会花时间试图理解被打乱的信息。每当密码破译者破解了一种特定的编码方法时，密码制作者就不得不加倍努力，设计出一种新的编码方法。

如今，在计算机化的世界里，加密已经变得更加复杂和广泛。我们使用"密码学"一词，而不是"加密学"。密码学结合了数学、计算机科学和电子工程等学科。当我们使用ATM卡、计算机密码或进行电子商务时，我们都依赖于密码学。

在讨论当今密码学所涉及的内容之前，让我们先学习一些简单的编码方法。密码学中最简单的两种方法是换位法和替换法。在换位法中，任意取一个单词，将字母顺序打乱，形成一个字母相同的变位词。对于一个较短的词来说，这种方法不是很有效，因为只有有限的几种方法可以打乱它。"HAT"这个词被打乱后，只能组合成"HTA""ATH""AHT""THA"和"TAH"这五种形式。

换位法对于较长的单词效果更好。然而，如果信息太长，除非知道确切的加密过程，否则几乎不可能破译。因此，换位法为我们提供了高水平的安全性，因为敌方拦截器会发现很难破解这样的密码。但是信息的接收者也会如此认为。因此，为了使换位法有效，必须根据信息发送方和接收方商定的规则，重新排列原始信息的字母。

孩子们有时会使用"围栏"换位法给他们的朋友发送信息。在这里，我们用两行来打乱信息。上下两行交替书写字母。例如，将下面的信息：

THE ENEMY IS AT THE DOOR. BE PREPARED[①]

写成：

TENMIATEORERPRD

HEEYSTHDOBPEAE

然后将第二行拖到第一行的末尾，形成加密信息。加密后的信息就是

TENMIATEORERPRDHEEYSTHDOBPEAE

这听起来像是胡言乱语。信息的接收者必须颠倒这个过程才能提取出原始信息。

---

① 这段信息的中文含义为"敌人就在门口。做好准备。" ——译注

密码棒（scytale）是一种使用换位法的军用加密设备。它是一根木棍，我们在木棍上缠绕一条皮革或羊皮纸，如图 13.1 所示。信息是沿着密码棒的长度方向书写的。当我们解开皮革条时，就得到了加密信息。为了解密信息，我们必须将其重新缠绕在具有相同直径的密码棒上。

图 13.1　密码棒

有时，情报员会把这条皮条当作腰带来佩戴，把信息写在皮条内侧。

除了换位法，人们还可以使用替换法来发送加密信息。一种推荐的替换法是将字母随机配对，然后将信息中的每个字母替换为其对应的字母。以英文字母表为例，字母可以按如下方式配对：

A C D G I L O P R T W Y B

Z E J K M S U B F N V H X

A 写成 Z，反之，Z 写成 A。C 写成 E，E 写成 C，D 写成
J，J 写成 D，以此类推。"Let us attack at dawn[①]"可以写
成"Scn ol znnzeg zn jzvt"。

基于替换法的恺撒密码，是最简单且常用的加密方法
之一。在这种方法中，字母表中的每个字母都会被另一个
字母替换，该字母与原始字母相差的位置数是固定的。例
如，当我们向左移 4 个字母时，E 被 A 替换，F 被写成 B，
以此类推。这种方法以伟大的罗马独裁者朱利叶斯·凯撒
（Julius Caesar，前 100—前 44）的名字命名，他曾使用过
类似的方法写私人信件。

到目前为止,我们讨论的方法都很简单，很容易被破
解。到了 19 世纪中叶，编码变得更加复杂。信息根据与之

相关的危险程度被进行分类。这就是所谓的信息的敏感程度。随着 1889 年《官方保密法》的颁布，泄露秘密信息成为违法行为。第一次世界大战爆发后，各条战线之间都在交换敏感程度不同的秘密信息。编码变得越来越复杂。人们制造机器来打乱和解读信息。

最早的编码机是密码盘，它是由意大利建筑师莱昂·阿尔贝蒂（Leon Alberti，1404—1472）在 15 世纪发明的。密码盘由两个圆盘组成，一个比另一个稍大。字母表中的所有字母都刻在两个圆盘的边缘。将较小的圆盘放置在较大的圆盘上面，两个圆盘通过一根作为轴心的针固定在一起，如图 13.2 所示。外圆盘上的字母代表原始文本，内圆盘上的字母代表密码文本。要想创建加密信息，需要在外圆盘上查找原始信息的每个字母，然后替换为内圆盘上的相应字母，从而形成加密信息。要发送恺撒位移[①]为 4 的信息，只需旋转圆盘，使外圆盘上的 A 与内圆盘上的 E 重合，然后就可以进行替换了。

------

① 恺撒位移：将原始文本中的每个字母在字母表中按照固定的偏移量进行移动。——译注

图 13.2　密码盘

　　第一次世界大战结束后，德国发明家亚瑟·谢尔比乌斯（Arthur Scherbius）发明了一种名为恩尼格玛（Enigma）的密码机，它相当于电子密码盘。事实证明，这是历史上最强大的编码系统。这台密码机有三个由导线连接起来的基本元件 —— 一个用于输入原始文本的键盘，一个用密文字母替换原始文本中每个字母的加扰装置，以及一个由很多小灯组成并显示编码后信息的显示板。要想破译信息，接收者必须知道密码机的确切设置。

　　德国人深信恩尼格玛密码是无法破译的，于是他们用这台机器发送各种机密信息。波兰人最先破解了恩尼格玛密码。1939年，当德军即将进攻波兰时，波兰人与英国人分享了他们的信息。英国人随后在白金汉郡的布莱切利公园创办了政府编码与密码学校，在那里，数学家和情报专家在早期计算机的帮助下，破解了恩尼格玛密码。这是英国帮助盟国赢得第二次世界大战的主要因素之一。

第二次世界大战期间，人们使用了一种极具创新性的编码方法，即使用纳瓦霍语进行编码。纳瓦霍人是一个美洲土著部落，他们的语言系统与当今使用的任何一种现代语言都毫无相似之处，对于非纳瓦霍人来说很难理解。在第二次世界大战期间，居住在洛杉矶的中年土木工程师菲利普·约翰斯顿（Philip Johnston，1906—2005）提出了一个想法，即使用纳瓦霍语作为密码来传递秘密的战术信息。美国海军陆战队为此雇用了大约200名纳瓦霍人。他们被称为密码译员。他们的任务是将英语信息翻译成类似于他们母语的密码，并且由纳瓦霍人在接收端破译信息。事实证明，这种独特的编码系统非常有效。

在 20 世纪末与 21 世纪初，电信、计算机硬件、软件和数据加密领域实现了巨大的飞跃。随着计算机的体积越来越小、功能越来越强大、价格越来越便宜，家庭用户和小型企业也可以使用它们。所有的计算机都可以通过互联网快速地连接在一起。

由于有如此多的业务通过互联网进行，如此多的数据由计算机处理，还伴随着一些随机的恐怖主义行为，因此，确实需要更好的方法来保护计算机及其存储、处理和传输的所有信息。计算机安全和信息保障等许多学科正是在这种需要下诞生的。

信息保障（information assurance，IA）基本上可以应对互联网技术（information technology，IT）世界中存在的所有威胁，例如病毒、蠕虫、网络钓鱼攻击、身份盗用等，并使人们能够保护自己的数据免受这些威胁。

早期的加密技术是为军队服务的。如今，在计算机化的世界中，我们都依赖于密码学。现代密码学先进而复杂，但其原理与加密相同，都是致力于将字母打乱。

十四、数字可以很有趣

到目前为止，我们已经尝试理解无穷大究竟有多大，深入探索了零的奥秘，讨论了圆周率的意义、虚数的存在，了解了数字是如何制造混乱的，还发现了我们可以用数字创造出不可能物体，等等。但数字的奇妙之处在于，它们可以很有趣，也可以让我们乐在其中。

例如，

$$111\ 111\ 111 \times 111\ 111\ 111 = 12\ 345\ 678\ 987\ 654\ 321$$

这是不是很酷呢？

数字142 857也很特别：

$$142\ 857 \times 1 = 142\ 857$$

$$142\ 857 \times 2 = 285\ 714$$

$$142\ 857 \times 3 = 428\ 571$$

$$142\ 857 \times 4 = 571\ 428$$

$$142\ 857 \times 5 = 714\ 285$$

$$142\ 857 \times 6 = 857\ 142$$

你能看出这个数列是如何自我重复的吗？另外，

$$142 + 857 = 999$$

$$14 + 28 + 57 = 99$$

$$142\ 857 \times 142\ 857 = 20\ 408\ 122\ 449$$

还有，

$$20\ 408 + 122\ 449 = 142\ 857$$

有许多很大的数字，它们在某种意义上都很有趣。

86 400 等于一天中的秒数。

31 556 926 等于一年中的秒数。

7 000 000 000 是地球上的大致人口数。

1个古戈尔（googol①）是数字1后面跟着100个零。

1个古戈尔普勒克斯（googolplex）是1后面跟着1个古戈尔个零。唯一的问题是，宇宙里还没有足够的空间来书写这个数字。

你知道数字可以是亲和的吗？亲和数是一对彼此相爱的数字。我们所说"彼此相爱"是什么意思呢？

想一想数字220和284。

220的真因数有：

1，2，4，5，10，11，20，22，44，55，110

一个数的真因数包含除了这个数字本身的所有因数。

把这些数字全都加起来，得到284。

284的真因数有：

1，2，4，71，142

---

① Google的名字就是由此而来的。——译注

把它们加在一起，得到 220 。这就是为什么说 220 和 284 是一对亲和数。其他一些亲和数包括 （1 184，1 210），（2 620，2 924）和（5 020，5 564）。亲和数是由毕达哥拉斯（Pythagoras，约前 580—约前 500）的追随者发现的，几个世纪以来，数学家们一直在研究它们。

另一个有趣的概念是 "emirp"（反素数）。我们把 "prime" 倒着拼就得到了这个词。顾名思义，这个词指的是一个素数，当你颠倒它的数字时，它就会变成一个新的素数。一位数的素数以及回文素数（比如说151或者787）不属于这个范畴。前几个反素数是：13、17、31、 37、71、73、79、97、107、113和149。将它们的数字颠倒一下，看看你会得到什么。

有一些数字被公认为是快乐的。为了判断一个给定的数字是否 "快乐"，我们需要对它进行某些运算。以数字32为例。我们将每一位数字平方，然后相加：

$$3^2 + 2^2 = 9 + 4 = 13$$

重复上述步骤：

$$1^2 + 3^2 = 10$$

$$1^2 + 0^2 = 1$$

每当我们进行这些运算,最终的结果是1时,我们就说原来的数字是快乐的。因此,32是一个快乐数。当最后的结果不是 1 时,那么原来的数字则被认为是不快乐的。所有不快乐的数字都遵循下列的循环数列:

4,16,37,58,89,145,42,20,4

快乐数有很多。在 1 – 50 之间,有11个快乐数。没有重复数字的最大快乐数是986 546 210。这是一个多么快乐的想法啊!

还有完全数。在数论中,完全数是一个等于其真因数之和的正整数。第一个完全数是6。6 的真因数(1、2 和 3)相加就等于6。下一个完全数是28。因为1 + 2 + 4 + 7 + 14 = 28。

496 和 8 128 是接下来的两个完全数。古希腊数学家只知道前四个完全数。亚历山大的菲洛(Philo,亚历山大哲学家,在他的哲学中结合了犹太教和希腊智慧)在公元 1 世纪写了《论创造》(*On the Creation*)一书,他在书中声称，世界是在 6 天内被创造出来的，月球绕地球一周是 28 天，因为 6 和 28 都是完全数！截至目前，已知的完全数共有 51 个。

你听说过纳喀索斯（Narcissus）吗？他是希腊神话中的猎人。他非常美丽，也非常自负。当他在池塘里看到自己的倒影时，他被它迷住了，以至于对它一见钟情，因为他没有意识到那只是一个倒影。最终，他失去了生存的意志，什么也不想做，只能整天呆呆地盯着自己的倒影看，直到死去。数字中也有自恋数。它们被称为阿姆斯特朗数或超完全数字不变数。当它们的每一位数字被提高到自恋数的位数次幂时，每个数字相加后的总和就等于这个自恋数本身。

让我来解释一下：

153 是一个三位自恋数。为什么呢？这个数字有三位数。因此，我们把每个数字的 3 次幂加起来。

$$1^3 + 5^3 + 3^3 = 153$$

370、371 和 407 是另外三个三位自恋数。

没有一位数的自恋数，也没有 12 位或 13 位的自恋数。尽管人们花费了大量时间和精力去寻找这些数字，但英国数学家戈弗雷·哈罗德·哈代（Godfrey Harold Hardy，1877—1947）意识到整个过程虽然很有趣，但却是一种愚蠢的追求。他在《一个数学家的辩白》（*The Mathematician's Apology*）一书中说："这些都是奇怪的事实，非常适合放在益智专栏里，很可能会逗乐业余爱好者，但它们对数学家而言没有任何吸引力。"

还有一些"奇怪"的数字，也就是盈数。一个盈数的真因数之和大于这个数字本身，但没有任何一个盈数的真因数之和等于这个数本身。例如，最小的盈数是 70。它的真因数有 1、2、5、7、10、14 和 35。它们的总和为 74（大于 70），真因数之和等于 70 的数根本不存在。

不可摸数是一个正整数，它不能表示为任何正数的真因数（包括这个正数本身）之和。例如，数字 4 不是不可摸数，因为它等于 9 的真因数之和（1 + 3 = 4）。数字 5 是不可摸数，因为它不能被写成任何正整数的真因数之和。

你在阅读"有趣的数字"时，发现枯燥的数字也很有趣。因此，无趣的数字就不复存在了。对于热爱数字的人来说，所有的数字都很有趣！

十五、所有的音乐都是数学吗？

《牛津简明英语词典》（*Concise Oxford Englise Dictionary*）中将音乐定义为"结合声乐或器乐的声音，以产生形式美、和谐美和情感表达美的一种艺术"。而数学则是用理性来研究数字、形状和空间，并用一种特殊的符号和规则来组织它们。令人惊讶的是，两个如此不同的领域竟然有如此多的共同点。数学和音乐交织在一起，我们可以得出这样的结论：从更广阔的视角来看，音乐只是数学的一种应用形式。

伟大的作曲家贝多芬可能是所有作曲家中最著名、最受人尊敬的一位。他的听力很早就开始衰退。他在生命的最后十年几乎失聪。他不再在公众场合表演和指挥音乐，但他继续创作音乐，他的一些优秀音乐作品就是在这一时期创作的。他是怎么做到的呢？答案就在于音乐和数学之间的关联。

一个音符可以用某种数学图案来表示。一些音符组合在一起形成重复出现的美丽图案。这种图案所创作出的音乐听起来非常悦耳。要想创作出优美的音乐，就需要在重复的图案中加入惊喜的元素。贝多芬能够看到并感受到音乐的图案，他可能利用了自己对音乐的直觉和数学的精确性来创作音乐。

人们还试图找到莫扎特创作的音乐与数学之间的联系。沃尔夫冈·阿玛多伊斯·莫扎特（Wolfgang Amadeus Mozart，1756—1791）出生于奥地利萨尔茨堡。他生活在18世纪末，去世时年仅35岁。他是一位神童，在他短暂的一生中，他成功地创作了600多首杰出的音乐作品，这些作品被认为是西方音乐古典时期最优秀的一些作品。长期以来，学者们一直在研究莫扎特的音乐，并试图弄清楚他是如何创作出如此辉煌的音乐的。到底是依赖于他的音乐天赋还是数学公式呢？

天体物理学家兼作家马里奥·利维奥（Mario Livio）研究了音乐与数学之间的关系，他坚信数学在莫扎特的作品中发挥了至关重要的作用。莫扎特的作品中存在对称性。和谐性与对称性也存在于数学中。一些学者认为，莫扎特在他的作品中使用了黄金比例和欧几里得数学。众所周知，莫扎特的脑子里装着音乐，他经常在作品旁边的空白处记下数学公式。虽然这些并不能直接证明这个猜想，但有足够的证据表明莫扎特对数学和数字情有独钟。不过我们也仅仅是猜测而已！

我们一直在谈论数学和音乐中的图案。让我们来看看它们是如何产生的。我们都知道声音是一种波，空气分子以一定的音调或频率振动，并引起相邻的分子也产生振动。最后，振动的空气分子撞击我们的耳膜。我们的听觉器官接收到这些振动，并将信息发送到大脑，大脑将其解释为声音。纯音符是一种单一频率的振动。它可以用数学上的正弦波来表示，如图 15.1 所示。

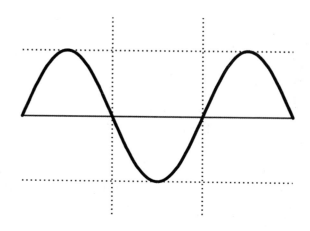

图 15.1　振动的空气分子

　　该图告诉我们空气分子相对于时间的移动程度和移动方向。声波的频率范围为每秒 2 000 至 20 000 次。音乐由连续演奏的音符组成。这些音符会产生更复杂的图案。

　　弦乐器的设计涉及大量数学知识。弦乐器的频率由一个公式给出，根据这个公式可知，频率与弦的长度、弦的张力和单位长度的质量有关。

　　较短的弦的振动频率较高。当音乐家按压琴弦时，实际上缩短了弦的长度。按压琴弦的手指数量越多，琴弦就会变得越短，产生的频率就越高。

弦的张力与弦的拉伸程度有关。拉紧的弦会产生较高的振动频率，放松的弦会产生较低的振动频率。与密度较低的琴弦相比，密度较高的琴弦产生的声音频率往往较低。

长笛等管乐器也可以用数学来研究。数学和节奏有很多共同之处。欧几里得算法是一种寻找两个数字的最大公约数的有效方法，可用于生成所有传统音乐的节奏。

音乐中包含着诸多的数学元素。音调代表了一定的频率。如果我们将频率提高一倍，就会打出一个高八度的音符。

许多作曲家在作曲时都使用了 π 或黄金比例。许多作品的高潮大致出现在整个乐曲长度的0.618处，而不是歌曲的中间或结尾。

人们还使用分形来创作音乐，这并不奇怪，因为音乐中存在重复的主题和自相似性。

作曲家的任务是将和弦和旋律组合在一起，形成一个和谐的整体，创作出一首优美的音乐。这听起来就好像音乐的基本元素都具有几何形状，可以以某种方式组合在一起。最近，普林斯顿大学的音乐教授德米特里·蒂莫茨科（Dmitri Tymoczko）利用先进的欧几里得几何学证明，我们实际上可以想象音乐是在一个抽象空间中"构建"出来的。他的理论或许能为作曲家提供一种工具，帮助他们找出特定作品中的下一个和弦。

数学和音乐有诸多的共同点。研究表明，听古典音乐可以提高人的数学能力。还有一种现象被称为莫扎特效应，即长期听莫扎特作品的人可以提高数学所需的时空能力。时空能力与将空间中的物体组合在一起有关。玩拼图游戏就是锻炼这种能力的一个例子。

数学家和物理学家都喜欢音乐。爱因斯坦是一位天才小提琴家，一生都热爱音乐。在量子力学的发展过程中发挥了重要作用的德国数学家和物理学家马克斯·玻恩（Max Born，1882—1970）喜欢演奏巴赫的作品。

十六、地图只需要四种颜色

你刚刚了解了音乐和数学之间的联系。另一个令人惊讶的事情是当我们试图给地图上色时,数学也会悄然出现。让我们回到基本原理。首先选取一个图案(任何图案),并称其为我们的地图。我们需要用多少种颜色来给它上色呢?在这里,我们必须遵守一条基本规则:具有共同边界的两个区域(区域可以是国家,也可以是州)不能使用相同的颜色。具有共同角的两个区域可以用类似的颜色。

让我们从一个简单的图案开始。以十六个方格为例,如图 16.1 所示。

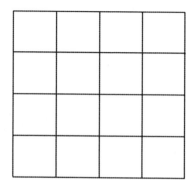

图 16.1　一组十六个方格

　　给这个图案上色需要多少种颜色呢？我们可以使
用十六种不同的颜色，但实际上两种颜色就足够了！如
图 16.2 所示。

图 16.2　一组十六个涂好色的方格

现在让我们来看一个稍微复杂的图。选取一个被另一个圆所包围的圆，并将重叠部分分成四个等大的区域，如图 16.3 所示。

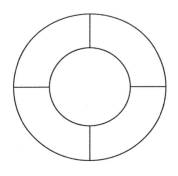

图 16.3 同心圆

现在需要多少种颜色呢？我们可以使用五种不同的颜色，但实际上三种就足够了，如图 16.4 所示。

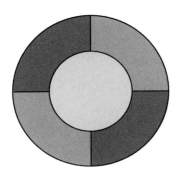

图 16.4 三种不同颜色的同心圆

如果重叠的部分有奇数个区域，则需要四种不同的颜色，如图 16.5 所示。

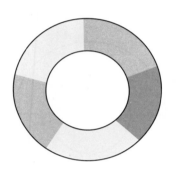

图 16.5 　四种不同颜色的同心圆

似乎任何图案或地图都可以用四种颜色来着色。但如果一个国家有两个或更多独立的地区，这可能就行不通了。例如，阿拉斯加是美国的一部分，但它们中间隔着加拿大。让我们忽略这种情况。在某些情况下，我们需要的颜色会少于四种。在大多数情况下，我们可以使用任意多的颜色，但其实四种颜色就足够了。这个定理被称为四色定理，是最著名的数学定理之一。

这个定理之所以重要，是因为它在 1852 年被首次提出，但直到 1976 年才有人能够证明它。一百二十多年来，一些最聪明的数学家为这个看似简单的定理绞尽脑汁，但却无法提供证明。人们确实提供了解决方案，但事实证明这些解决方案是错误的。一个全新的数学的分支——图论——应运而生。直到 1976 年，肯尼斯·阿佩尔（Kenneth Appel）和沃尔夫冈·哈肯（Wolfgang Haken，1928—2022）才借助计算机证明了这一定理。这是世界上第一个在计算机的帮助下求解的定理。一些纯粹主义者反对用计算机来证明数学定理。你认同他们的观点吗？

十七、整个世界是如何包含在仅仅两个数字中的？

想想早期的人类。他们的大脑刚刚发育，就已经学会了说话，他们觉得有必要计算物体、天数、人数等。为此，他们会怎么做呢？他们会用十根手指来数。这就是为什么我们有十进制系统，而 10 一直是历史上大多数记数系统的基础。

当早期的人类需要记录数字时，他们会在洞穴的墙壁上划痕或在棍子上刻痕。古代记录显示，数字被分成以十为一组（十位数）和以一为一组（个位数）。有代表 1 和代表 10的符号。有证据表明，古埃及人（生活在公元前 3 000 年左右）用竖线"l"表示 1，用符号"˄"表示 10。因此，数字23被写成"lll˄˄"。

人们曾使用其他数字作为其数字系统的基础。古巴比伦人使用数字 60。他们需要 59 个不同的符号来表示从1到 59 的数字。为了解决符号繁多这一问题，他们将 60 以下的数字以 10 为一组来表示，然而，书面符号不太适用于数学计算。但古巴比伦人曾深入研究过天文学，即使在今天，我们在一些测量中仍使用 60 作为基数。例如，一分钟有 60 秒；三角形的内角和是 180 度，一个圆有 360 度（180 和 360 是 60 的倍数）。

古巴比伦人还引入了位值的概念，这意味着某一个数字根据其在数列中的不同位置而具有不同的值。例如，在数字 555 中，每个 5 都有不同的含义。最后一个 5 表示 5，第二个 5 表示 50，第一个 5 表示 500。

零、十进制系统以及今天的数字书写方式于公元 800 年左右在印度演变而来。两百年后，记录着这些数字的阿拉伯文手稿传到了欧洲，因此它们被称为阿拉伯数字。如今，十进制已被世界各地所使用。

现在想象一个只有两个数字（0 和 1）的数字系统。你将如何使用这个系统来计算呢？你会数 0、1，然后是 10。
数到 11 后，你会数到 100。这听起来有些荒谬，不是吗？
其实，这样的数字系统是存在的，它被称为二进制（意思
是"两个"或"一对"）系统，被用于计算机中！对此我
将进一步进行解释，让我们先来了解一下什么是二进制系
统。表 17.1 给出了前八个十进制数与其对应的等效二进
制数。

表17.1　前八个十进制数与其对应的等效二进制数

十进制数	等效二进制数
0	0
1	1
2	10
3	11
4	100
5	101
6	110
7	111

　　二进制数中的位值是不同的。在十进制中，有个位、
十位和百位。小数点后有 1/10、1/100 等。在二进制系统
中，有二、四、八、十六。小数点后有二分之一、四分之
一、八分之一等。

想一下二进制数 1 100 101.100 1。让我们试着计算它的等效十进制数。小数点左边的数字表示整数部分，右边的数字表示小数部分。

因此，二进制数 1 100 101.100 1 相当于

$$1 \times 1 + 0 \times 2 + 1 \times 4 + 0 \times 8 + 0 \times 16 + 1 \times 32 +$$
$$1 \times 64 + 1 \times 1/2 + 0 \times 1/4 + 0 \times 1/8 + 1 \times 1/16$$
$$= 1 + 4 + 32 + 64 + 0.5 + 0.062\ 5$$
$$= 101.562\ 5$$

我们如何表示某个数字是二进制数？我们在数字后面添加一个数字 2 的下标。例如：$101\ 0_2 = 10$。现代二进制数系统是由生活在 17 世纪的伟大博学家（博学家是指在多个看似互不相关的领域都是专家的人）和哲学家莱布尼茨发明的。除了对数学领域的一些其他贡献，莱布尼茨还和牛顿爵士各自独立地发明了微积分。

莱布尼茨认为，逻辑或"思维规律"可以用数学来表述。他还曾设想构建一种可以表达所有概念化思想的通用语言。这种语言极难构建，但他希望所有人都能理解。这

在当时是一个不切实际的想法，但这正是现代计算的核心思想。

如今的计算机使用二进制系统来表示信息，其中计算机软件在二进制信息和我们实际使用的信息之间充当翻译器。我们实际使用的信息可以是文字、照片、声音或视频。二进制语言也被称为机器语言，因为它是计算机能够理解的语言。每个 0 或 1 被称为一个比特或二进制位。一个比特并不能传递太多信息。因此，比特以 8 个为一组，被称为字节。一个字节可以表示从 0 到 255 的数字。

当数据需要通过电话线或无线电链路传输时，会使用高音调和低音调来表示一系列的 1 s 和 0 s。

音频 CD、CD-ROM 和DVD 以光学方式存储比特，这意味着我们有一张旋转的光盘，上面记录了数据，可以用激光来读取。光盘的反射部分可能表示 1，非反射部分可能表示 0。无论信息存储在电子设备的哪个位置，从根本上来说，它都是由 0 s 和 1 s 组成的。计算机以比特和字节的形式存储数字、文本和所有其他信息。我们需要用二进制代码来理解这些数据。

计算机使用逻辑门来处理信息、执行数学运算等。逻辑门听起来可能非常复杂，但它基本上就是一个具有两个输入端和一个输出端的电路。它接收两个输入电流，比较它们，然后根据输入信号和门的类型发送输出信号。这些逻辑门也使用二进制逻辑和二进制数。

你能想象没有计算机和其他电子设备的生活吗？计算机处理并在屏幕上显示的所有内容都是以两个数字为基础的语言！二进制是这些机器所能理解的语言。对于这些设备而言，整个世界都包含在两个数字中。

十八、为什么最后的谜团永远遥不可及？

——哥德尔不完全性定理

1931 年，一位名叫库尔特·哥德尔（Kurt Gödel，1906—1978）的年轻数学家有了一个重大的发现。他提出的观点与爱因斯坦提出的任何理论一样强大。虽然哥德尔的发现基本上属于数学领域，但它也可以应用于科学、逻辑学和人类知识的所有分支。事实上，它改变了人们看待世界的方式。

让我来介绍一下哥德尔。1906 年 4 月 28 日出生于布尔诺，布尔诺现在属于捷克共和国，但在当时是奥匈帝国的一部分。他的父亲是一位富裕的纺织品制造商。从各方面来看，哥德尔的童年似乎都很快乐。显然，他是一个好奇心很强的孩子，他的好奇心为他赢得了"为什么先生"

的称号。他从小就对数学和哲学感兴趣，17 岁时，他已经掌握了大学水平的数学。他进入维也纳大学学习理论物理，但后来转向数学，再后来转向数理逻辑。哥德尔在获得博士学位后进入该大学任教。25 岁时，他发表了著名的不完全性定理的证明。

哥德尔不完全性定理到底是什么？要想理解这个定理，你必须认清一个事实——数学家们喜欢证明事物。几个世纪以来，他们因为无法从理论上证明一些他们凭直觉就知道的事情是真实的而苦恼不已。高中阶段的几何学由定理和证明组成，在此基础上，人们研究三角形和平行四边形并证明了更多的东西！

欧几里得的五大公设（建议或假设）构成了高中几何学的基础。每个人都知道这些假设是正确的，但没有人能够从理论上证明它们。例如，第一个公设说，如果我们有两个点，我们总是可以画一条直线连接它们。但是有人能够证明这一点吗？答案是否定的。两千多年来，许多数学家因为无法证明他们的所有假设而感到沮丧。

然而，在 20 世纪初，数学家们开始感到非常乐观。有一些杰出的数学家——伯特兰·阿瑟·威廉·罗素（Bertrand Arthur William Russell，1872—1970）、大卫·希尔伯特（David Hilbert，1862—1943）和路德维希·维特根斯坦（Ludwig Wittgenstein，1889—1951）等——坚信他们很快就能提出一个伟大的理论，这个理论能证明数学中的一切。数学将成为一个宏伟、完整和"无懈可击"的研究领域。

哥德尔在他的论文中证明：我们永远无法提出一个单一的理论来解释数学中的一切！哥德尔的发现粉碎了当时所有杰出数学家的希望。

事实上，哥德尔提出并证明了两个关于任何数学模型的不完全性定理。如果用正式的语言来表述的话，那么只有成熟的数学家才能理解这两个定理。所以我不会在这里正式表述它们。我只想简单概括一下它们的实际含义。

哥德尔定理告诉我们，如果我们在一组事物周围画一个圆，如果不参考圆外的事物，我们就无法完全解释圆内的事物。例如，你可以在高中几何所有的定理周围画一个圆。但这些定理是建立在欧几里得的五大公设的基础上的，这些公设是正确的，但却不能在圆内得到证明。

你可以在不同类型的汽车周围画一个圆。但这些汽车的存在依赖于制造它们的工厂。汽车无法解释自身！哥德尔证明了真理总是比你能证明的事情多。任何逻辑或数学系统都基于某些假设，其中一些假设是无法证明的。

哥德尔使用了一连串非常复杂的推理链来证明他的观点。虽然哥德尔不完全性定理是数学上的，但它适用于一切依赖于逻辑或推理的事物。其中包括科学、语言和哲学。这个定理告诉我们，人类的知识永远不会是完整的。

哥德尔用骗子悖论证明了他的观点。"我是骗子"这句话是自相矛盾的。如果这句话是真的，那么我就不是一个骗子。所以这句话是假的。如果这句话是假的，那么我就是一个骗子。所以这句话是真的！

在这个例子的帮助下，哥德尔证明了任何陈述都需要外部观察者。任何陈述本身都不能证明自己是正确的。因

此，任何数学系统都需要外部的东西来证明系统中陈述的
真实性。

有趣的是，哥德尔于 1933 年搬到了新泽西州普林斯
顿大学的高等研究院。在那里，他第一次见到了爱因斯
坦。哥德尔和爱因斯坦发现他们的智力水平差不多，而且
由于具有相同的文化背景，他们相处得很好。从 1942 年到
1955 年爱因斯坦去世，他们几乎每天都见面交谈。

物理学是一个可以成功应用哥德尔定理的领域。从
生活在公元前 4 世纪的亚里士多德（Aristotle，前 384—
前 322）开始，哲学家和科学家们一直试图以定性的方式来
理解自然界的基本力量，这意味着人们使用形容词而不是
数字来描述事物。牛顿给出了关于运动和万有引力的精确
的数学定律。人们开始认为，如果能知道宇宙中每个粒子
的位置和速度，就能预测每个粒子的未来，进而预测宇宙
的未来。

随后，在 20 世纪初，人们发现放射性是以完全随机的
方式发生的，这对整个科学界提出了挑战。但后来，量子

理论被发现了。量子理论涉及原子和亚原子层面的粒子运动。该理论进一步表明，在这些层面上存在随机性和不可预测性。

物理学家一直在试图发现在量子层面上运行的所有自然规律。他们希望有朝一日能找到一个宏大的万物理论。但许多科学家也认为，宏大的万物理论永远不会被发现。这是因为我们试图用有限的原理来创建一个宇宙的数学模型。

哥德尔定理证明，我们做不到这一点。然而，我们不应该因此而放弃对知识的追求。我们可能永远找不到全部的真相，但我们可以越来越接近它们。

十九、印度对数学的贡献

我们现在从哥德尔定理中知道，我们的数学知识永远不会是完整的。但这并不妨碍我们尝试去了解更多。数学就在我们身边。它是我们生活中必不可少的一部分，我们所做的一切都离不开它。计算机、电子产品、建筑、艺术、货币、工程甚至体育都依赖于数学。

数学可分为两种——应用数学和纯粹数学。应用数学用于研究物理、生物和社会世界。应用数学使解决科学问题变得更容易。科学家为任何现象建立数学模型，求解模型中的方程，然后尝试根据模型进行预测。他们还试图在数学模型的帮助下提高系统的性能。

另一方面，纯粹数学用于处理抽象概念而不是现实世界中的现象。这些抽象概念为人类带来了重大发现。例如，通用图灵机是艾伦·图灵（Alan Turing，1912—1954）在 1937 年提出的一个抽象概念。它促进了现代计算机的发展。

每一个社会，无论是文明社会还是原始社会，都使用过某种形式的数学。对数学的需求源于社会的需求，随着社会复杂程度的增加，人们对数学的需求也在增加。早期的人类用数学来计算物体和太阳的位置。最早的计数系统之一是由苏美尔人发明的。随后，算术的基本运算，包括加法、减法、乘法、除法和平方根也被发展起来。美国的玛雅人有一套精细的历法系统，而且他们了解天文学。他们还知道数字零，但不太清楚如何运用它。

在古印度，零被认为是一个数字，它的使用规则也随之被定义。随着文明的进步，几何和代数的学科被引入。几何学涉及各种形状、面积和体积，并有许多实际应用。在代数的帮助下，人们能够以明智和最佳的方式分配遗产和使用资源。

古代数学家也开始研究数论，即关于正数的性质及其相互关系的理论。数学在希腊人的努力下蓬勃发展。他们研究并发展了数学中的抽象概念。希腊人的美丽建筑和他们复杂的政府体系都是基于他们的数学知识。一些最早的哲学家和数学家——毕达哥拉斯、芝诺、亚里士多德、柏拉图（Plato，前 427 — 前 347 年）、阿基米德和欧几里得等，都来自这个时代。三角学也是在这一时期发展起来的。

三角学涉及角度的测量和与之相关的三角比的计算。三角学可以应用于天文学以及高度和距离的研究。

罗马帝国灭亡后，阿拉伯人丰富了数学知识。斐波那契是最早的欧洲数学家之一。欧洲的文艺复兴促进了许多数学领域的发展。

在 17 世纪，牛顿爵士和莱布尼茨分别独立地发展了微积分的基础。微积分是数学的一种高级形式，对物理学家、工程师和数学家都有很大帮助。

这就是 17 世纪之前数学的发展历程。从那时起，数学有了进一步的发展，其中大部分都非常复杂。我在这里特别想讨论的是印度对数学的贡献。

从公元前 1200 年到 18 世纪末，印度在数学领域取得了重大进展。在印度数学的古典时期（400—1600），数学家如阿耶波多（Aryabhatta，476—550）、婆罗摩笈多、马哈维拉（Mahavira）、桑加玛格拉马·马德瓦（Madhava of Sangamagrama）和尼尔坎塔·索马亚吉（Nilkantha Somayaji）做出了一些非常重要的贡献。

十进制系统是在古印度被发明的。古印度人发现了十进制记数系统的好处，并在公元3世纪之前就开始使用。中国人也想到了这一点，但古印度人改进并完善了这一系统。

公元 7 世纪的古印度数学家婆罗摩笈多建立了处理 0 和负数的基本规则。他还指出，二次方程（包含平方项的方程，例如 $x^2 - 4 = 0$）可以有两个解，其中一个可能是负数。他还试图把这些概念写下来，用颜色名称的首字母作为方程中的未知变量。这与我们今天在代数中的做法类似。我们用"x""y"和"z"来表示未知变量。

在笈多王朝掌权的印度黄金时代（4 世纪—6 世纪），印度数学家在三角学领域取得了许多进展。三角学将几何和数字联系在一起，最早是由希腊人发展起来的。印度数学家用三角学来测量土地、在海上航行和绘制天空图。印度天文学家用三角学来计算天体之间的相对距离。在三角学中，人们会遇到三角比。希腊人能够计算出某些角度的三角比。而印度学者能够计算出所有角度的三角比。

生活在 12 世纪的婆什迦罗第二世（Bhaskara Ⅱ，1114—约 1185）是印度最伟大的数学家之一。他是第一个提出除以零这个概念的数学家。他注意到，当我们用 1 除以越来越小的分数时，得到的数字会越来越大。因此，将一个数字除以零会得到无穷大。

喀拉拉邦天文学和数学学院是由马德瓦于 14 世纪末创立的。马德瓦可能是中世纪印度最伟大的数学家和天文学家。他发展了大量的三角函数和 π 的无穷级数。欧洲微积分的发展有可能也受到他的工作的影响。

显然，负数、算术、代数和三角学都是印度数学家们想出来的。随后，这些思想被传播到中东、亚洲和欧洲。

数学规则和问题通常以被称为"经文"的简短诗句的形式陈述，以帮助人们记住它们。早在毕达哥拉斯的时代之前的公元前8世纪，《绳法经》（*Sulba sutras*）中的一组诗句就给出了毕达哥拉斯定理的一般陈述，并列出了几个简单的毕达哥拉斯三元数组，如（3, 4, 5）、（5, 12, 13）、（8, 15, 17）和（7, 24, 25）。

摩亨佐·达罗和哈拉帕的发掘表明，古印度人使用了实用数学。4 : 2 : 1 的比例被认为有利于砖结构的稳定性。他们基于 1/20、1/10、1/5、1/2、1、2、5、10、50、100、200 和 500 的比例，建立了自己的重量标准体系，他们还设计了一把用来测量长度的尺子。

生活在公元前 8 世纪的 Baudhayana 给出了 2 的平方根的公式。梵文语法学家帕尼尼（Panini）提出了布尔逻辑（计算机中使用的二进制逻辑），音乐理论家平加拉

（Pingala）偶然发现了帕斯卡三角形和二项式系数。

古印度人不区分数学、诗歌和宗教。古印度有一些咒语，召唤了从百到万亿的十的力量。据 4 世纪的梵文文献记载，佛陀列举了高达 10^{53} 的数字。他还描述了比这更高的六个数字系统，得出了一个相当于 10^{421} 的数字。这是古人所能想到的最大数字，也是他们所能达到的最接近无穷大的数字。

早在公元前 3 世纪或 2 世纪，耆那教数学家就认识到了五种不同类型的无穷大：一个方向的无穷大、两个方向的无穷大、面积上的无穷大、无处不在的无穷大和永久无穷大。

和所有其他文化一样，印度人也给他们的数字起了名字。每个较小的数字都有许多名字，这些名字来自哲学和精神概念。

零被命名为"shunya"。但是零还有其他的名字——akasha、ambara、vyoman，这些名字都是天空的意思。数字 1 被命名为"eka"，表示不可分割的。数字 2 被命名为

"dvi"，取自一对双子神 Ashvins 的名字。数字 3 用 "tri"
表示，取自三部吠陀经、湿婆的三只眼睛和他的三叉戟
等。数字 5 被命名为 "pancha"，取自五行、Pandavas 或鲁
达罗的五张面孔。数字 9 取自九大行星和九颗宝石，被命
名为 "nava"。数字 10 取自毗湿奴的十个化身或拉瓦那的
十个头，被命名为 "dasha"。

我写这一章是为了向大家展示我们的文化遗产有多么
丰富。我们所知道和使用的大多数数学概念似乎都来自西
方。但是印度人很久以前就发现了其中的许多概念，只是
由于各种地理和政治原因，这些知识才失传了。

二十、数字存在吗？

　　这听起来是个非常愚蠢的问题，不是吗？我们都知道数字是什么以及可以用它们做什么，等等。然而，我们的哲学家却在思考这样的问题。"哲学"一词源于希腊语。它的意思是"对智慧的热爱"。哲学由不同的思维分支组成，这些分支试图回答一些有关人类生活的基本问题 —— 例如，人类本质上是善还是恶，等等。

　　哲学家是深刻的思考者。他们在全面了解一个学科之前是不会满足的。研究数学的哲学家们想知道这门学科所基于的假设。他们希望清楚地了解数学中使用的方法。他们还想知道数学的含义，并了解它在人们生活中的地位。

　　由于这个问题非常抽象，不同的人得出了不同的结论。这些结论有的看起来很奇怪，有的很有趣，有的则完全离谱！让我们来看看他们得出的一些结论。

柏拉图主义或现实主义是一个思想流派，它认为数字和其他数学实体（例如，与数学相关的几何形状和符号）是真实存在的。它们是抽象的，独立于所有人类活动。数字存在于时间和空间之外，独立于人类的思维。它们存在于某个领域，当我们想到它们时，我们就会进入这个领域！人类并没有发明数学概念。相反，它们是人类的发现。例如，三角形是真实的实体，而不是人类思维的产物。数学家只是碰巧发现了三角形及其性质。

反对柏拉图主义的理由是该理论过于牵强。柏拉图主义者所说的境界是什么呢？

唯名论认为数学对象并不是作为抽象实体存在的，只是为了让我们能理解它们，数学只与这个世界上的物体有关。例如，我们说有 2 支铅笔，等等。2 是指铅笔，铅笔是具体的物体。乘法的解释如下：

6 批 7 件物品，意味着总共包含 42 个物品。这就是

6 × 7 = 42 的原因。然而，当我们讨论虚数时，唯名论就会遇到麻烦。

经验主义者认为数学就像科学一样。我们必须发现它们的规律，不能在没有证据的情况下发表言论。反对经验主义的理由是，在科学中，人们有时可能会得出错误的结论。但在数学中，人们很少出错。

数学一元论在柏拉图主义的基础上更进一步。它说数字不仅存在，而且数字是唯一存在的东西。事实上，宇宙的基础就是数学！想象一下，一台拥有巨大内存和惊人处理速度的计算机。如果我们能把宇宙中存在的基本粒子的位置、动量和所有属性的信息都输入进去，那么这台计算机就能在里面创造出宇宙。从哲学家的角度来看，这种模拟看起来很不真实。但对于计算机生成的生物（包括我们人类）来说，这个世界很真实。我们只是意识到了自己的数学结构！这听起来有点像科幻小说，不是吗？

欲了解这方面的更多信息，请阅读道格拉斯·亚当斯（Douglas Adams，1952—2001）的五部曲系列《银河系漫游指南》（*The Hitchhiker's Guide to the Galaxy*）（请记住数字 42！）或观看电影《黑客帝国》（*The Matrix*）三部曲（他们停在了第三部；他们很尊重像3这样的数字）。

现在让我们来看看逻辑主义对数字和数学的看法。逻辑主义者认为数学可以完全从逻辑中推导出来。什么是逻辑？逻辑就是正确的推理。根据这一理论，不存在数学对象，也不存在有待发现的规则。如果一个人使用正确的推理和一些基本的假设，所有的数学知识都可以表述出来。这并不那么令人兴奋，不是吗？

形式主义是另一个思想流派，它让我们相信数学没有更深层次的意义，没有数学，世界也会很好地存在。数学只是一种使用特定符号和规则的游戏。它只是帮助我们量化这个世界。除此之外，它的存在只是一种智力练习。

传统主义认为数学规则与语法规则有些相似。人们可以制定其他同样可行的规则来达到目的。

心理主义是另一个思想流派。信奉这一学派的哲学家们认为数学原理与世界无关。它们只存在于人类的头脑中。

直觉主义者持有类似的观点。他们认为数学是人类建设性心理活动的结果，与现实关系不大。

关于数学的基础，世界上还有许多的思想流派。其中，虚构主义可能是最有趣的。根据虚构主义，所有的数学论述都是有用的，但也都是虚假的。数字并不存在。这只是一个故事，但没有现实基础。例如，圣经中有一些故事，它们指向某些真理，但人们不必相信它们！数学也是如此。

正如我们所看到的，哲学家们花费了大量的时间和精力，试图回答一些可能无法回答的问题。这是因为数字世界是神秘的。当我们与数字打交道一段时间后，它们对我们来说确实是真实的。每个数字似乎都有自己的特点。我们甚至认为某些数字是幸运的，某些数字是不幸的。但我们能触摸或感觉到数字吗？答案是不能。它们仍然是虚幻的、无形的，值得我们深思的东西。

延伸阅读

当你长大了（甚至现在，如果你真的喜欢数字），你可能会想阅读这些书（排名不分先后）。它们都很令人兴奋，即使你不是数学天才也能看懂。

1. Martin Gardner：*The Colossal Book of Mathematics*

2. Persi Diaconis and Ron Graham：*Magical Mathematics: The Mathematical Ideas That Animate Great Magic Trick*

3. Charles Selfe：*Zero: The Biography of a Dangerous Idea*

4. Steven Strogatz：*The Joy of X: A Guided Tour of*

Mathematics, from One to Infinity

5. Matt Parker: *Things to Make and Do in the Fourth Dimension: A Mathematician's Journey through Narcissistic Numbers, Optimal Dating Algorithms, At Least Two Kinds of Infinity, and More*

6. Hans Magnus Enzensberger: *The Number Devil: A Mathematical Adventure*

7. Lan Stewart: *Professor Stewart's Cabinet of Mathematical Curiosities*

8. Petr Backmann: *A History of Pi*

9. William Dunham: *Journey through Genius: The Great Theorems of Mathematics*

10. Robert Kanigel: *The Man Who Knew Infinity: A Biography of Srinivasa Ramanujam*

11. Douglas Hofstadter: *Godel Escher Bach: An Eternal Golden Braid*

致 谢

我要感谢我的父亲， 是他教会我热爱数学。感谢我的母亲，是她教会我在生活中保持专注。我的丈夫 Sandipan Deb 帮我选择了书中的主题。我的女儿 Sukanya Deb 煞费苦心地审阅了整个书稿，并提出了很多有用的建议。我非常感谢他们俩。